国家职业技能等级认定培训教程
国家基本职业培训包教材资源

电梯安装维修工

（高级）

编审委员会

主　任　刘　康　张　斌
副主任　荣庆华　冯　政
委　员　葛恒双　赵　欢　王小兵　张灵芝　吕红文　张晓燕　贾成千
　　　　高　文　瞿伟洁

本书编审人员

主　编　金新锋　傅军平　李小陈
副主编　陆晓春　潘建峰
编　者　王　锐　钟晓东　惠桉一　王正伟　翁海明　佟　星　方　鹏
主　审　王　锐
审　稿　戴亮丰　王宴珑

中国人力资源和社会保障出版集团

图书在版编目(CIP)数据

电梯安装维修工：高级 / 中国就业培训技术指导中心组织编写. -- 北京：中国劳动社会保障出版社：中国人事出版社，2020

国家职业技能等级认定培训教程

ISBN 978-7-5167-4580-9

Ⅰ.①电… Ⅱ.①中… Ⅲ.①电梯－安装－职业技能－鉴定－教材②电梯－维修－职业技能－鉴定－教材 Ⅳ.①TU857

中国版本图书馆 CIP 数据核字（2020）第 166951 号

中国劳动社会保障出版社
中国人事出版社 出版发行

（北京市惠新东街1号 邮政编码：100029）

*

三河市华骏印务包装有限公司印刷装订　新华书店经销

787毫米×1092毫米　16开本　17.25印张　279千字
2020年11月第1版　2020年11月第1次印刷

定价：58.00元

读者服务部电话：（010）64929211/84209101/64921644
营销中心电话：（010）64962347
出版社网址：http://www.class.com.cn

版权专有　　侵权必究

如有印装差错，请与本社联系调换：（010）81211666
我社将与版权执法机关配合，大力打击盗印、销售和使用盗版图书活动，敬请广大读者协助举报，经查实将给予举报者奖励。
举报电话：（010）64954652

前　言

为加快建立劳动者终身职业技能培训制度，大力实施职业技能提升行动，全面推行职业技能等级制度，推进技能人才评价制度改革，促进国家基本职业培训包制度与职业技能等级认定制度的有效衔接，进一步规范培训管理，提高培训质量，中国就业培训技术指导中心组织有关专家在《电梯安装维修工国家职业技能标准（2018年版）》（以下简称《标准》）制定工作基础上，编写了电梯安装维修工国家职业技能等级认定培训教程（以下简称等级教程）。

电梯安装维修工等级教程紧贴《标准》要求编写，内容上突出职业能力优先的编写原则，结构上按照职业功能模块分级别编写。该等级教程共包括《电梯安装维修工（基础知识）》《电梯安装维修工（初级）》《电梯安装维修工（中级）》《电梯安装维修工（高级）》《电梯安装维修工（技师　高级技师）》5本。《电梯安装维修工（基础知识）》是各级别电梯安装维修工均需掌握的基础知识，其他各级别教程内容分别包括各级别电梯安装维修工应掌握的理论知识和操作技能。

本书是电梯安装维修工等级教程中的一本，是职业技能等级认定推荐教程，也是职业技能等级认定题库开发的重要依据，已纳入国家基本职业培训包教材资源，适用于职业技能等级认定培训和中短期职业技能培训。

本书在编写过程中得到杭州职业技术学院、浙江省特种设备科学研究院等单位的大力支持与协助，在此一并表示衷心感谢。

中国就业培训技术指导中心

目 录 CONTENTS

职业模块1　安装调试 ··· 1

培训项目1　机房设备安装调试 ·· 3
　培训单元1　曳引电动机、曳引轮和导向轮安装调试 ·································· 3
　培训单元2　检修运行调试 ·· 8

培训项目2　井道设备安装调试 ·· 16
　培训单元1　土建布置图相关内容的复核 ··· 16
　培训单元2　钢丝绳（2∶1）放置 ·· 27

培训项目3　轿厢对重设备安装调试 ·· 35
　培训单元1　安全钳和导靴安装调试 ··· 35
　培训单元2　门刀安装调试 ·· 46

培训项目4　自动扶梯设备安装调试 ·· 51
　培训单元1　扶手带运行速度调试 ·· 51
　培训单元2　主电源与控制柜电气线路安装调试 ···································· 56

职业模块2　诊断修理 ··· 61

培训项目1　机房设备诊断修理 ·· 63
　培训单元1　有机房电梯主机及其相关部件诊断修理 ······························· 63
　培训单元2　电梯运行振动诊断调整 ··· 69
　培训单元3　控制柜部件诊断修理 ·· 72
　培训单元4　有机房电梯制动器及其附件诊断修理 ································· 75
　培训单元5　有机房电梯主机油封和轴承诊断修理 ································· 79

培训项目2　井道设备诊断修理 ·· 85
　培训单元1　有机房电梯补偿链和补偿缆诊断修理 ································· 85
　培训单元2　有机房电梯随行电缆诊断修理 ·· 89
　培训单元3　有机房电梯对重轮诊断修理 ··· 92
　培训单元4　层门门扇诊断修理 ··· 95

培训单元5　层门悬挂装置诊断修理 ·················· 98
　　培训单元6　层门地坎诊断修理 ······················ 101
　培训项目3　轿厢对重设备诊断修理 ···················· 104
　　培训单元1　轿厢重要部件诊断修理 ·················· 104
　　培训单元2　轿厢称重装置诊断修理 ·················· 115
　培训项目4　自动扶梯设备诊断修理 ···················· 127
　　培训单元1　扶手带驱动装置和扶手带诊断修理 ········ 127
　　培训单元2　驱动链条诊断修理 ······················ 137
　　培训单元3　驱动主机诊断修理 ······················ 140
　　培训单元4　制动器诊断修理 ························ 143
　　培训单元5　主驱动轴和链轮诊断修理 ················ 149
　　培训单元6　附加制动器诊断修理 ···················· 157
　　培训单元7　运行速度和抖动诊断调整 ················ 159

职业模块3　维护保养 ································ 165

　培训项目1　机房设备维护保养 ························ 167
　　培训单元1　编码器维护保养 ························ 167
　　培训单元2　联轴器维护保养 ························ 168
　　培训单元3　制动器维护保养 ························ 171
　　培训单元4　电梯运行速度和加速度检测 ·············· 177
　培训项目2　井道设备维护保养 ························ 180
　　培训单元1　导轨接头维护保养 ······················ 180
　　培训单元2　导轨间距和垂直度检查调整 ·············· 181
　　培训单元3　层轿门联动机构维护保养 ················ 183
　培训项目3　轿厢对重设备维护保养 ···················· 189
　　培训单元1　轿厢减振垫维护保养 ···················· 189
　　培训单元2　对重缓冲距离检查调整 ·················· 190
　培训项目4　自动扶梯设备维护保养 ···················· 192
　　培训单元1　扶手带托轮、滑轮群、防静电轮和梯级传动装置维护保养 ··· 192
　　培训单元2　梯级维护保养 ·························· 193
　　培训单元3　梯级齿槽与梳齿的间隙检查调整 ·········· 195

培训单元 4　非操纵逆转和速度检测 ························· 197

职业模块 4　改造更新 ······································· 201

培训项目 1　改造施工与更新施工基础知识 ················· 203
培训单元 1　改造施工基础知识 ································· 203
培训单元 2　更新施工基础知识 ································· 211

培训项目 2　曳引驱动乘客电梯设备改造更新 ················· 217
培训单元 1　曳引机改造施工 ··································· 217
培训单元 2　控制系统改造施工 ································· 228
培训单元 3　加层改造施工 ····································· 238
培训单元 4　轿厢改造及装潢施工 ······························· 242
培训单元 5　悬挂比改造施工 ··································· 248
培训单元 6　功能装置加装施工 ································· 251

培训项目 3　自动扶梯设备改造更新 ························· 260
培训单元 1　变频器和外部控制设备加装施工 ····················· 260
培训单元 2　控制系统改造施工 ································· 265

职业模块 ① 安装调试

内容结构图

- 安装调试
  - 机房设备安装调试
    - 曳引电动机、曳引轮和导向轮安装调试
    - 检修运行调试
  - 井道设备安装调试
    - 土建布置图相关内容的复核
    - 钢丝绳（2∶1）放置
  - 轿厢对重设备安装调试
    - 安全钳和导靴安装调试
    - 门刀安装调试
  - 自动扶梯设备安装调试
    - 扶手带运行速度调试
    - 主电源与控制柜电气线路安装调试

培训项目 1　机房设备安装调试

培训单元1　曳引电动机、曳引轮和导向轮安装调试

能够对曳引电动机、曳引轮和导向轮进行检查与调整

一、曳引电动机与曳引轮的检查

1. 曳引电动机的检查

（1）检查曳引电动机的绝缘电阻。用绝缘电阻表测量曳引电动机绕组之间和每相绕组对地（即对机壳）的绝缘电阻。如果绝缘电阻低于 0.5 MΩ，则应对曳引电动机绕组进行绝缘干燥处理。

（2）用钳形电流表测量曳引电动机在高速、低速时的电流是否符合要求，三相电流是否平衡；用电压表测量曳引电动机的电源电压是否符合要求。

（3）曳引电动机应保持清洁，防止水和油污浸入曳引电动机内部。每周用风筒吹净曳引电动机内部和换向器线圈连接线与引出线上的灰尘。

（4）检查曳引电动机油槽的油位。润滑油油面应保持在油位线以上，否则应补注润滑油。同时，要检查润滑油的清洁度，发现有杂质时应及时换油。换油时应将原润滑油全部放掉并清洗油槽，之后再注入相同规格的新润滑油。

（5）注意曳引电动机运转时的声音。曳引电动机在运转时应无较大的噪声。如果发现有异常声响，要及时停机进行检查。

1）如果发现曳引电动机各部分振幅及轴向窜动量超过表1-1和表1-2的规定，且声音不正常，应检查原因、进行修理或更换零件。

表1-1 曳引电动机振幅允许值

曳引电动机转速 /r·min⁻¹	1 000	750
振幅允许值 /mm	0.13	0.16

表1-2 曳引电动机轴向窜动量允许值（以滑动轴承电动机为例）

曳引电动机功率 /kW	≤10	>10~20	>20
曳引电动机轴向窜动量（单面）/mm	0.50	0.74	1.00

2）如果轴承磨损严重，定子与转子径向气隙最大偏差超过0.2 mm时，应更换轴承。

（6）曳引电动机与底座的紧固螺栓应紧固好。对于有减速箱的曳引机，以蜗轮蜗杆减速箱为例，曳引电动机轴与蜗杆通过联轴器连接。对于采用刚性联轴器的，同轴度应不大于0.02 mm；对于采用弹性联轴器的，同轴度应不大于0.1 mm。

2. 曳引轮的检查

检查曳引轮的垂直度时，从曳引轮一侧的上边缘下放一根线坠，线坠与该侧下边缘的间隙应不大于0.5 mm，如图1-1a所示。

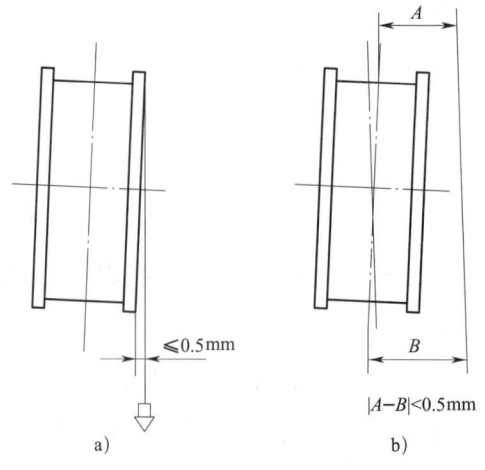

图1-1 曳引轮检查要求

a）垂直度要求 b）水平面内扭转程度要求

曳引轮在水平面内的扭转程度（即 A 和 B 的差值）不应超过 0.5 mm，如图 1-1b 所示。

二、导向轮的检查

导向轮又称抗绳轮，其主要作用是将曳引绳导引至对重侧或轿厢侧，从而扩大且保持轿厢与对重之间的距离。导向轮安装示意如图 1-2 所示。

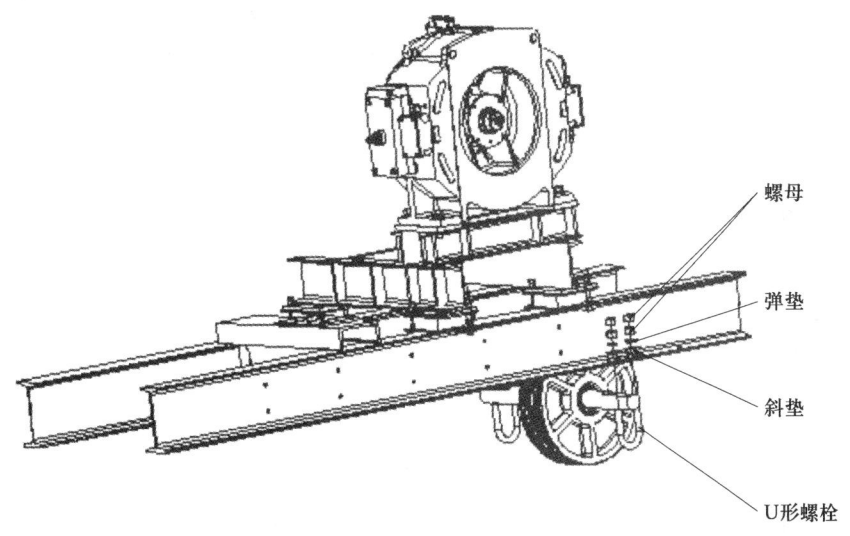

a)

b)

图 1-2 导向轮安装示意

a）螺母、弹垫、斜垫和 U 形螺栓的安装位置 　b）安装效果导向轮安装后的检查要求如图 1-3 所示：经调整、校正，导向轮与曳引轮同侧端面的平行度误差不大于 1 mm，导向轮的垂直度误差不大于 0.5 mm。

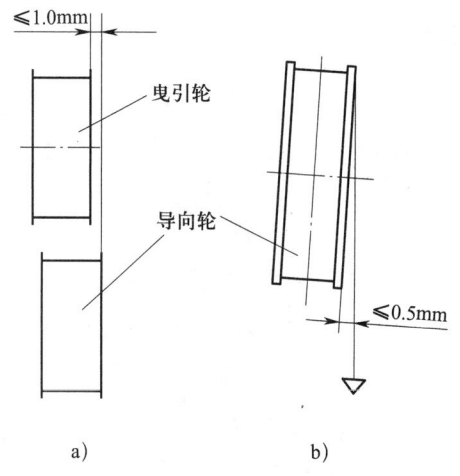

图 1-3 导向轮检查要求

a）导向轮与曳引轮的平行度误差 b）导向轮的垂直度误差

检查曳引轮和导向轮

操作准备

1. 设备材料

曳引轮和导向轮的规格、型号及数量符合图样要求，质量合格，完好无损。

2. 主要工具

线坠、钢直尺。

3. 作业条件

（1）机房地面平整，无其他与电梯无关的设备和杂物。

（2）施工人员必须穿好工作服、防护鞋，戴好安全帽。

4. 技术要求

（1）导向轮与曳引轮同侧端面的平行度误差不大于 1 mm。

（2）曳引轮轴向位置与轿厢中心的位置误差不大于 1 mm。

（3）导向轮轴向位置与对重中心的位置误差不大于1 mm。

（4）曳引轮水平径向位置与轿厢中心的位置误差不大于2 mm。

（5）导向轮水平径向位置与对重中心的位置误差不大于2 mm。

操作步骤

步骤1 检查曳引轮和 导向轮绳槽		曳引轮和导向轮绳槽应无大面积油污，无异常磨损情况。
步骤2 检查运行情况		曳引轮和导向轮应运转灵活，无异常声响，必要时应在轴承处加注润滑油。
步骤3 检查曳引轮中心 和导向轮中心	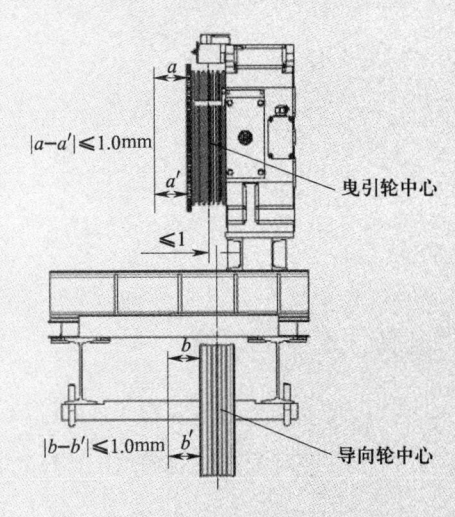	若曳引轮宽度与导向轮宽度相同，在曳引轮端面挂一线坠，测量线坠与导向轮端面的间隙。

| 步骤4 检查曳引轮垂直度 | | 从曳引轮一侧的上边缘下放一根线坠,与该侧下边缘的间隙应不大于0.5 mm。 |

注意事项

1. 在曳引机盘车手轮处应有明显的轿厢升降方向标志。

2. 制动器动作应灵活可靠,运行时无摩擦,制动时无异常响声。两侧闸瓦在制动时应紧密、均匀地贴合在制动轮的工作面上,松闸时应同步离开。

3. 在调整曳引轮和导向轮时,应避免同时在机房和井道作业。

4. 检查时确保轿厢的一条中线与导向轮外缘相切,且轿厢的另一条中线在导向轮中间位置。

培训单元2　检修运行调试

能够对电梯进行检修运行调试

一、检修运行调试的准备工作

电梯的机械部件和电气部件安装完成后,还要自上而下拆除井道内的脚手架,并对井道和导轨进行初步清扫,保证井道内无影响电梯运行的障碍物。利用原吊挂轿厢的起重设备把轿厢再升高一些,拆除原轿厢撑木,然后用手拉葫芦使轿厢下行一段距离,使其低于最高层的楼面300~400 mm。在底坑拆除对重撑木。关闭好各楼层的层门，以防止他人跌入井道。

在通电前要对电梯进行检查和调试。

1. 机械安全部件检查

检查并确认以下内容：限速器、安全钳、限速器钢丝绳等均已安装完毕，且动作有效、可靠；底坑部件安装完毕，完好无损；层门安装完毕，且层门立柱与门洞之间封闭良好；经检验合格的曳引绳安装完毕，紧固良好；限位开关安装完毕，固定良好；限速器钢丝绳张紧轮安装完毕；轿厢安装完毕，拼装牢固；随行电缆安装完毕，固定良好。

2. 机房的各电气部件和电气线路检查

（1）控制柜上的正常／检修转换开关处于检修位置，急停按钮被按下。控制柜安装、定位规范、整齐。

（2）接线工作均已完成，接线正确，接线螺栓均已拧紧。

（3）各电气部件的金属外壳均良好接地，且其接地电阻不大于 40 Ω。

（4）线槽敷设规范、整齐，线槽间有铜片或黄绿线连接。

3. 轿厢电气线路检查

检查并确认以下内容：轿顶、轿内操纵箱、轿底的接线工作均已完成；门机接线正确，光幕接线正确；轿顶平层传感器接线正确、安装位置正确；井道、轿厢无人，具备适合电梯安全运行的线路敷设条件。

4. 机房与井道之间的接线检查

检查并确认以下内容：机房内控制屏、选层器、安全保护开关等与井道内各楼层的召唤盒、门外指示灯、门锁电气接点等之间的接线正确，接线螺栓均已锁紧；每个楼层的通信插头接触良好，且接线线号正确；锁梯层的锁梯钥匙开关接触良好。

5. 井道内各安全开关检查

（1）井道内上、下极限开关安装位置正确，开关动作有效。

（2）上、下限位开关安装位置正确，开关动作有效。

（3）上、下强迫减速开关安装位置正确，开关动作有效。

6. 带层门的自动门机调试

（1）装上轿门门刀，关好电梯轿门使轿门门刀与层门门锁滚轮配合动作，然后令电梯开关门，进一步调整门机电动机的速度，直至开关门平稳、无撞击声。

（2）根据 GB 7588《电梯制造与安装安全规范》的规定，在点动启闭情况下调整各层层门门扇与立柱、门扇与门扇的间隙（≤6 mm），以及机械钩子锁（锁紧元件）的啮合长度（≥7 mm），且各电气触点可靠接通。

7. 环境检查

机房内各电气部件和机械部件、轿厢内各电气部件、井道各层站的电气部件均处于干燥环境中，且无受潮或水浸现象。确认井道外的施工不影响电梯的安全运行。

二、检修运行调试的流程

准备工作完成后断开抱闸控制线，合上电源，观察到在电梯非运行状态下，抱闸控制端子是无信号输出的，即使抱闸控制线接上，抱闸也不会打开；之后再断电，接上抱闸控制线，准备慢车运行（此处以默纳克 NICE3000 系统为例）。

1. 上电后的检查

（1）检查控制器主控板上 CN3 组 24 V、COM（电源负极）端子间的电压，应为 DC 24 V（允许波动范围应在 ±15% 以内）。

（2）检查系统内呼线路与外呼线路的电压，应为 DC 24 V（允许波动范围应在 ±15% 以内）。

（3）检查 CN6 组 15 V、PGM（编码器信号板）端子间的电压，应为 DC 15 V（允许波动范围应在 ±2% 以内）。

2. F5 组端子功能参数检查

检查系统接收的信号与实际发送给系统的信号是否对应，即预期控制目标与实际控制目标是否相同。

（1）按照厂家图样检查所设定的各个端子的功能是否正确，以及端子的输入输出类型与实际是否相符。

（2）通过主控板上输入输出侧各端子对应发光管的点亮、熄灭状态，以及相应端子所设定的输入输出类型，可以确定相应端子的信号输入状态是否正常。

3. 电动机调试

如果选择键盘控制运行方式，在进行电动机调谐前，必须准确输入电动机的铭牌参数 F1-00~F1-05。NICE3000 电梯的一体化控制器根据此铭牌参数匹配标准电动机参数。

对于同步电动机来说，调谐前必须确保编码器已安装并接线，调谐完毕必须确认运行状态正常后再恢复曳引绳。

4. 门机调试

（1）按照说明书检查门机接线，测量门机电源电压；将电梯开至门区，闭合门机电源，将门机打到调试状态，让门机带动层门运行，观察门机运行方向、运行速度以及开门是否到位，仔细听是否有撞击声；调整门机参数使门机正常运行。

（2）根据开门宽度将门机速度设定为 FB-06 或 FB-08，预留适当的余量，以防门机保护现象经常出现。正确设定参数 FB-09～FB-14，使电梯开关门系统能够人性化工作（一般默认值即可满足要求）。

5. 检修试运行

完成以上工作后，电梯准备试运行，检修运行速度由参数 F3-11 设定。

（1）输入信号检查。仔细观察电梯在运行过程中接收的各开关信号的动作顺序是否正常。

（2）输出信号检查。仔细观察 NICE3000 主板的各输出点的定义是否正确，工作是否正常，所控制的信号、接触器是否正常。

（3）运行方向检查。将电梯置于非端站，点动慢车运行，观察实际运行方向是否与目的方向一致，如果不一致可以交换电动机侧电源的两相。

（4）编码器检查。如果电梯运行速度异常，或运行中发生抖动，或通过操作面板观察到系统输出电流太大，或电动机运行有异常声响，应检查编码器接线是否正确。

（5）通信检查。观察系统主板 MCB 的轿顶板通信指示灯 COP、外呼通信指示灯 HOP 是否正常。

检修运行调试

操作准备

1. 设备材料

（1）电梯各安全开关已安装到位且验证有效。

（2）机房各电压符合要求，控制柜内各部件动作有效。

2. 主要工具

钢直尺、塞尺、水平尺。

3. 作业条件

(1) 作业现场能提供 220 V 交流电源。

(2) 井道、轿厢内无人和其他杂物。

(3) 施工人员必须穿好工作服、防护鞋，戴好安全帽。

4. 技术要求

(1) GB/T 10060《电梯安装验收规范》的规定

1) 轿厢地坎与层门地坎之间的水平距离应不大于 35 mm。在有效开门宽度范围内，该水平距离的偏差为 0~3 mm。

2) 与层门联动的轿门部件与层门地坎的间隙、层门门锁装置与轿厢地坎的间隙应为 5~10 mm。

3) 各种安全保护开关应可靠固定，安装后不应因电梯正常运行的碰撞或钢丝绳、钢带、皮带的正常摆动使开关产生位移、损坏和误动作。

(2) TSG T7001《电梯监督检验和定期检验规则——曳引与强制驱动电梯》的规定

1) 井道上下两端应装设极限开关，该开关在轿厢或者对重（如有）接触缓冲器前起作用，并且在缓冲器被压缩期间保持动作状态。

2) 平层传感器与隔磁板的间隙应均匀，不能有接触摩擦，隔磁板插入深度不能太小。

操作步骤

步骤1　开启检修模式

把机房正常/检修转换开关打到检修位置。

职业模块 1　安装调试

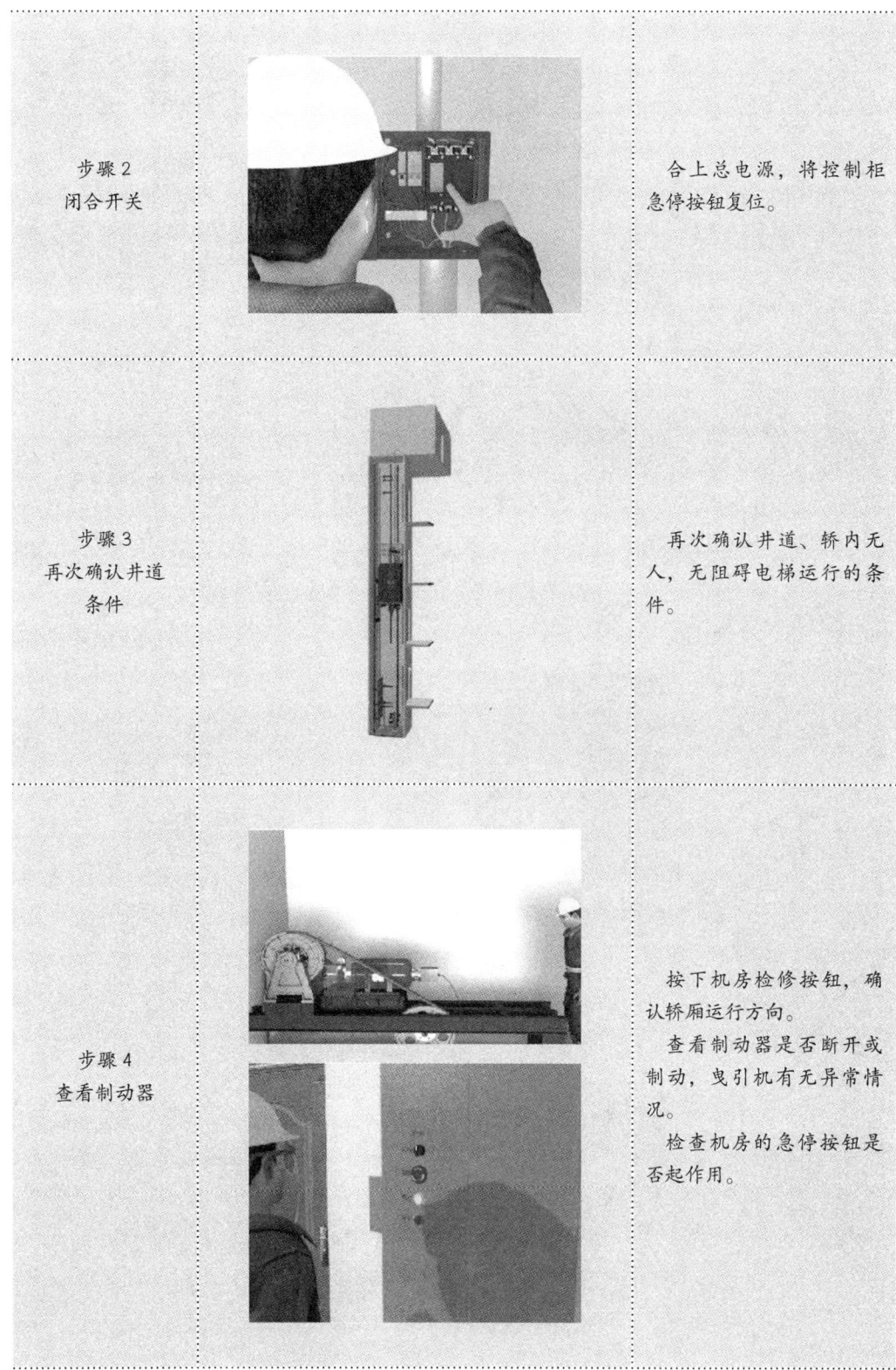

步骤 2　　　　　　　　　　　　　　　合上总电源,将控制柜
闭合开关　　　　　　　　　　　　　　急停按钮复位。

步骤 3　　　　　　　　　　　　　　　再次确认井道、轿内无
再次确认井道　　　　　　　　　　　　人,无阻碍电梯运行的条
条件　　　　　　　　　　　　　　　　件。

步骤 4　　　　　　　　　　　　　　　按下机房检修按钮,确
查看制动器　　　　　　　　　　　　　认轿厢运行方向。
　　　　　　　　　　　　　　　　　　查看制动器是否断开或
　　　　　　　　　　　　　　　　　　制动,曳引机有无异常情
　　　　　　　　　　　　　　　　　　况。
　　　　　　　　　　　　　　　　　　检查机房的急停按钮是
　　　　　　　　　　　　　　　　　　否起作用。

步骤5 验证轿顶急停按钮和检修按钮功能		保持机房的检修状态，上轿顶，验证轿顶急停按钮是否有效。 验证轿顶检修按钮是否有效。在轿顶和机房同时将正常/检修转换开关打至检修状态时，应只有轿顶检修按钮有效。
步骤6 检查地坎间隙	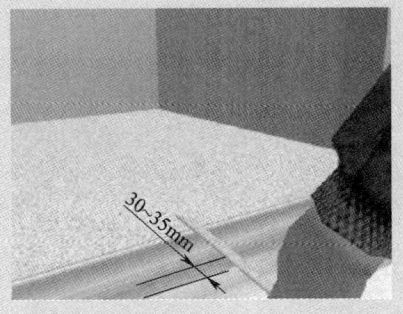	检查轿厢地坎与层门地坎的间隙，应为30~35 mm。
步骤7 检查层门门锁与轿厢地坎的间隙	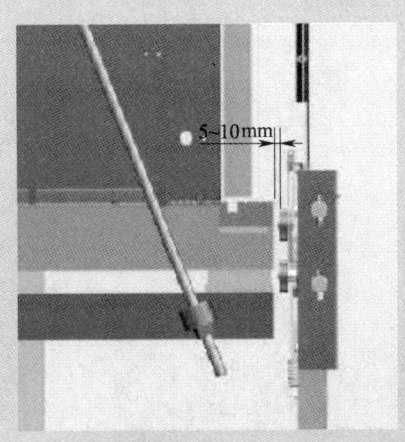	检查层门门锁的门轮与轿厢地坎外缘的间隙，应为5~10 mm。
步骤8 检查平层传感器与隔磁板的间隙		平层传感器与隔磁板的间隙应均匀，不能有接触摩擦，隔磁板插入深度不能太小。平层插板插入传感器约2/3左右，并确认平层开关动作可靠。

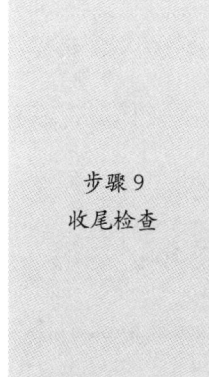
步骤9
收尾检查

轿厢地坎、门头板与井道壁的间隙应适宜,轿厢部件与导轨不能碰撞,轿厢部件与井道中的线槽不能碰撞、摩擦,随行电缆与井道的固定部件不能有刮擦的可能性,限速器的安全绳应可靠,井道应无凸出的钢筋,轿厢门头板、轿厢地坎处无工具遗落且无水泥块、螺钉等物体。

注意事项

1. 确认控制柜中的变频器带电,液晶显示器显示检修状态。

2. 如果电梯运行方向与指令相反,则需要调整曳引机的电源相序。电梯上行时便于观察情况。

培训项目 2 井道设备安装调试

培训单元 1 土建布置图相关内容的复核

能够对土建布置图的相关内容进行复核

通常井道图包含两张 A3 大小的图样。第一张是土建布置图，主要在制作井道时给施工人员参考。第二张是安装布置图，主要在安装电梯时使用。

井道图采用图形语言反映与电梯有关的建筑物实际状况，表达销售合同在电梯产品土建方面的约定，反映工厂生产时所需的参数，指导工地安装。

一、土建布置图的识读

土建布置图的主要组成部分有井道立面图、井道平面布置图、机房平面布置图、机房平面留孔图、层门门洞留孔图、细节图、技术参数和要求、项目名称、设备号、图号等，如图1-4所示。

井道平面布置图的主要组成部分有对重及其导轨、轿厢导轨、缓冲器、张紧装置、随行电缆、轿门和层门、层门按钮、各项尺寸数据等，如图1-5所示。在安装电梯之前，应根据井道平面布置图确定各样板位置，绘制样板图。在放样之前，需要对井道每层的垂直度进行测量，验证井道的宽与深是否满足电梯的安装要求，如不满足则需要对井道进行相应的改造。

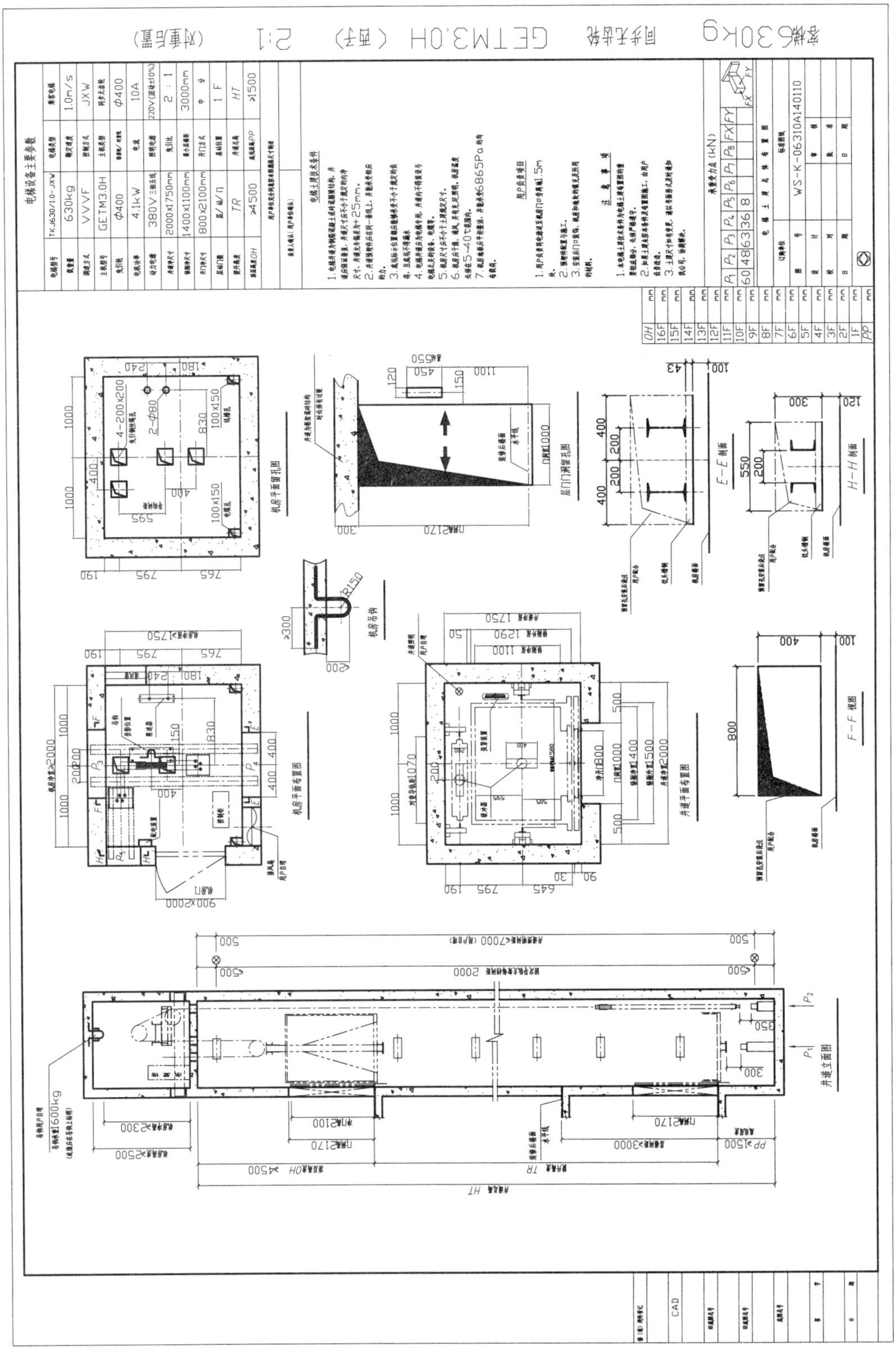

图 1-4 土建布置图

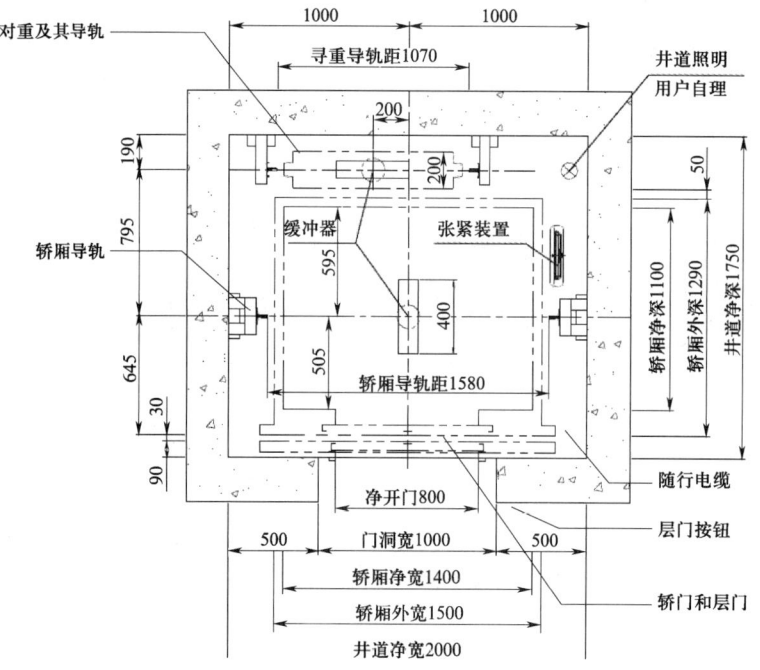

图 1-5　井道平面布置图

机房平面布置图的主要组成部分有曳引机、控制柜、绳头、机器梁、限速器、机房门、配电装置、排风扇、通风窗、各项尺寸资料等，如图 1-6 所示。

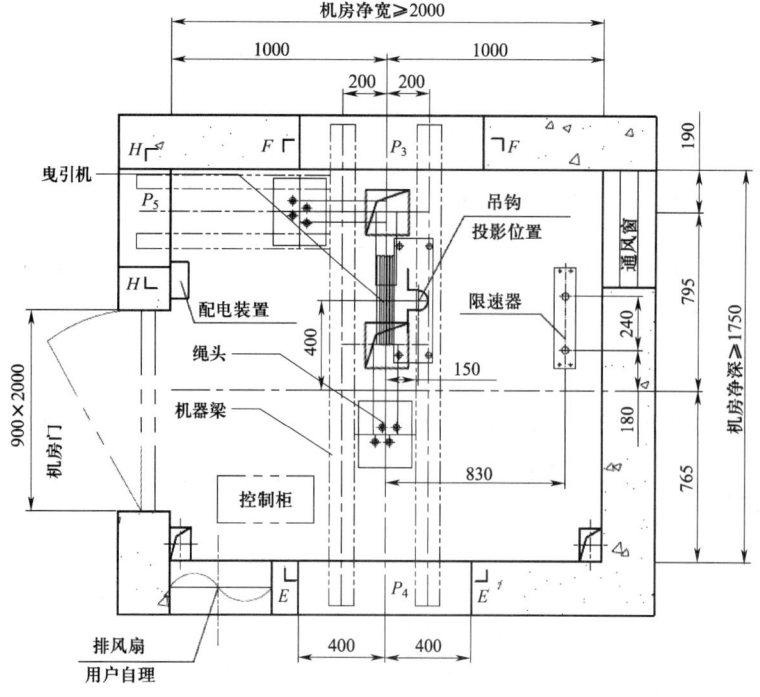

图 1-6　机房平面布置图

机房平面留孔图的主要组成部分有曳引绳孔、限速器钢丝绳孔、电缆孔、线槽孔、各项尺寸资料等，如图 1-7 所示。

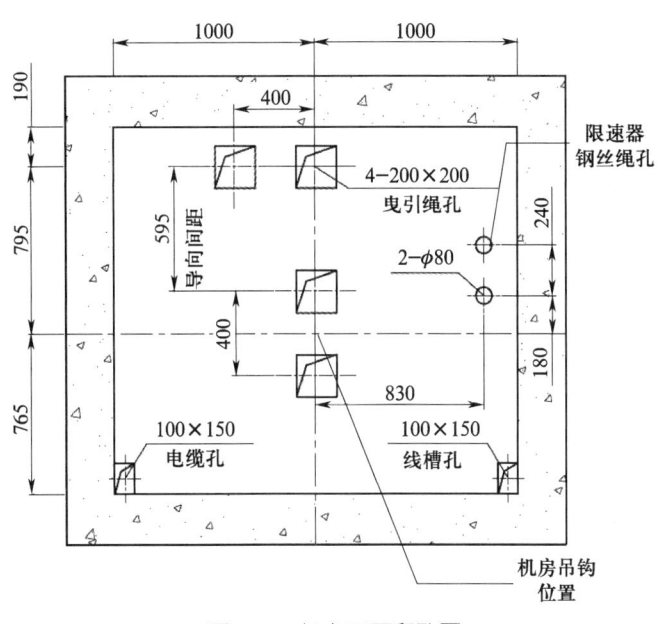

图 1-7　机房平面留孔图

二、土建复核的相关内容

1. 导轨支架间距的复核

在安装电梯之前应对导轨支架的间距进行复核，要确保每档导轨支架都安装在圈梁上，而不是安装在空心砖等非承载装置上。确保电梯安装好后，导轨在电梯运行过程中不会产生任何的非正常移动。导轨支架的安装要求见表 1-3。

表 1-3　导轨支架的安装要求

序号	描述	处理方法	备注
1	国家标准规定每档导轨支架间距 ≤2 500 mm，每根导轨至少两个支架	依照国家标准执行	常规
2	圈梁、钢结构横梁的设计	需要在安装支架处增加支架梁	在土建设计之初就处理
3	实际预留间距大于标准导轨支架间距	要求投资方增加圈梁	投资方整改
4	实际预留间距小于标准导轨支架间距	通知工厂技术员，在下单时按实际情况设计支架数量	工厂技术处理
5	特殊井道无梁，或者部分面有砖墙、部分面有梁	一般情况下，在无梁面做钢结构	增加的费用由甲方负责

2. 轿厢的复核（见图1-8）

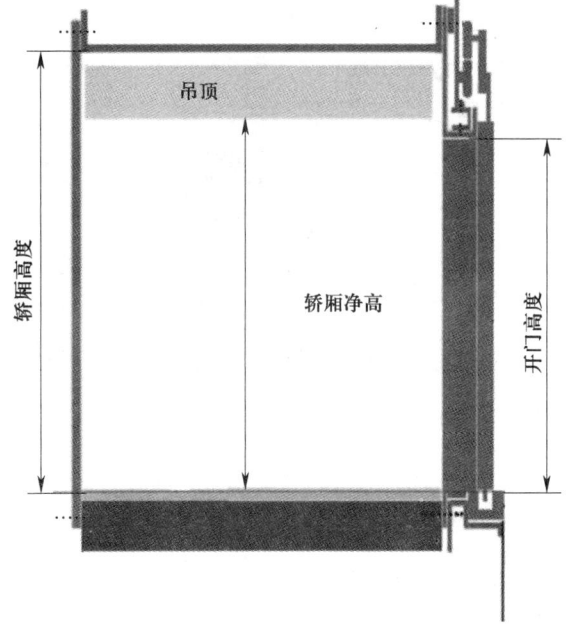
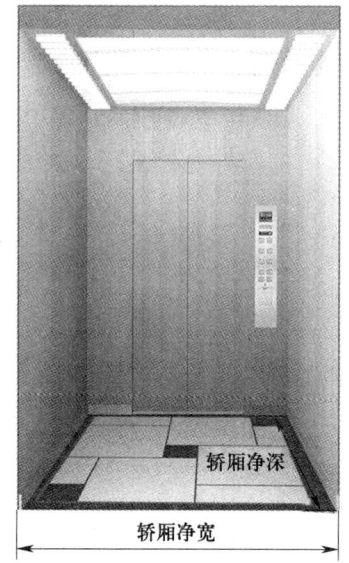

图1-8 轿厢的复核

（1）轿厢高度。轿厢高度是指轿厢地板到轿顶板之间的距离。

（2）轿厢净高。轿厢净高是指轿厢高度减去吊顶高度。

（3）开门高度。开门高度是指轿厢地板到轿厢门楣之间的距离。

（4）轿厢净宽。轿厢净宽是指面向轿门时，左右两个轿壁内表面的水平距离。

（5）轿厢净深。轿厢净深是指在垂直于轿厢净宽的方向上，两个轿壁内表面之间的水平距离。

（6）轿厢有效面积。轿厢有效面积是指轿厢地板以上1m高度处测量的轿厢面积。

为了防止超载，应对轿厢有效面积进行限制。额定载重量和轿厢最大有效面积之间的关系见表1-4。

表1-4 额定载重量和轿厢最大有效面积之间的关系

额定载重量/kg	轿厢最大有效面积/m²	额定载重量/kg	轿厢最大有效面积/m²
100[①]	0.37	375	1.10
180[②]	0.58	400	1.17
225	0.70	450	1.30
300	0.90	525	1.45

续表

额定载重量 /kg	轿厢最大有效面积 /m²	额定载重量 /kg	轿厢最大有效面积 /m²
600	1.60	1 125	2.65
630	1.66	1 200	2.80
675	1.75	1 250	2.90
750	1.90	1 275	2.95
800	2.00	1 350	3.10
825	2.05	1 425	3.25
900	2.20	1 500	3.40
975	2.35	1 600	3.56
1 000	2.40	2 000	4.20
1 050	2.50	2 500[③]	5.00

注：①一人电梯的最小值。

②两人电梯的最小值。

③额定载重量超过 2 500 kg 时，每增加 100 kg，面积增加 0.16 m²。增加的载重量不足 100 kg 时，其面积由线性插入法确定。

3. 贯通门的复核

（1）贯通门的门序。贯通门的门序是指门机开门的顺序，如图 1-9 所示，1 层前门进，3~8 层后门进。有层层贯通的贯通门，也有某层贯通的贯通门。

（2）井道深度。井道深度是影响贯通门轿厢深度的重要参数，在贯通门项目前期设计中需要注意此参数。

4. 机房的复核

（1）工作区域的净高应不小于 2 m。

（2）供电梯驱动主机旋转部件旋转的上方空间净高应不小于 0.3 m。

（3）控制柜位置及检修距离。柜前应有一块净空面积，深度（从柜的外表面测量时）不小于 0.7 m，宽度

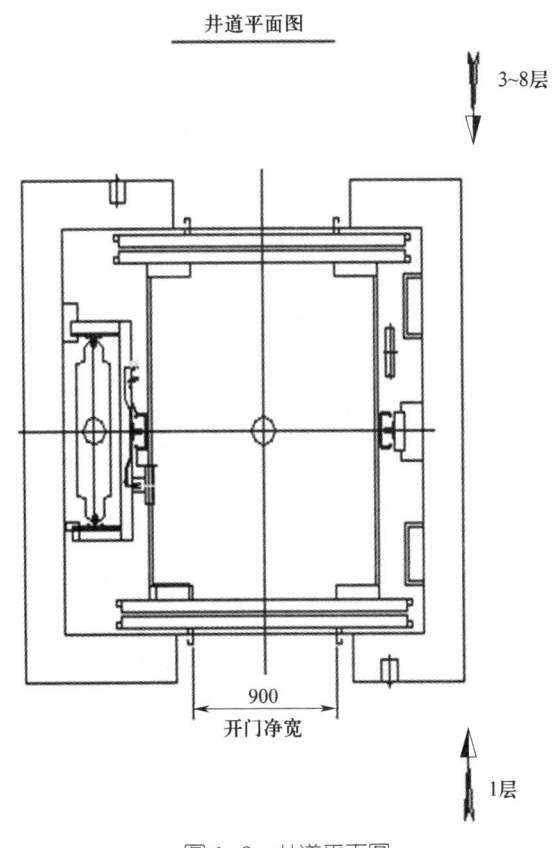

图 1-9　井道平面图

不小于0.5 m；紧急制动区域应不小于0.5 m×0.6 m。

（4）机房门应不小于0.6 m×1.8 m，且不得向内打开。

（5）机房有高台（>0.5 m）时，需要设置楼梯、台阶或护栏。

根据土建布置图复核机房、井道和底坑

操作准备

1. 设备材料

（1）井道和机房无其他杂物，无积水，不渗水。

（2）机房内有三相电源及其他满足要求的电源。

2. 主要工具

卷尺、测距仪、手电筒。

3. 作业条件

（1）作业现场能提供220 V交流电源。

（2）机房和井道无其他与电梯无关的设备和杂物。

（3）施工人员必须穿好工作服、防护鞋，戴好安全帽。

操作步骤

根据图1-4的土建布置图进行复核，并根据复核结果填写"电梯机房'土建'交验检测记录""电梯井道'土建'交验检测记录"，见表1-5和表1-6。

| 步骤1 机房的复核 | | 机房门加锁，门窗应防雨，门上有"机房重地，闲人免进"标志。
机房通风良好，不允许设水管、烟道。承重梁和吊钩有明显的最大载荷标志。 |

步骤1
机房的复核

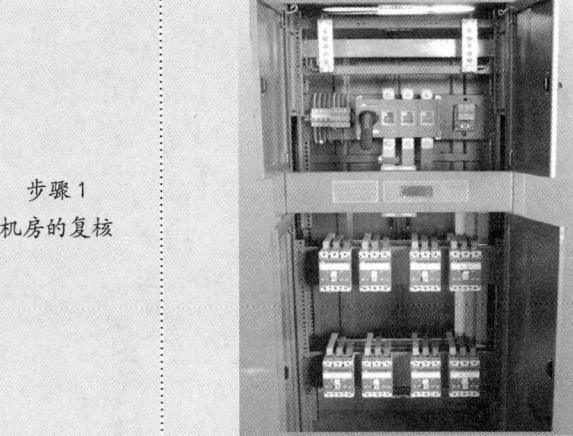

机房内有对应每台电梯的总电源开关。

供电电源应采用三相五线制。

步骤2
井道的复核

井道只允许存在下列开口：层门、检修门、安全门、检修活板门、通风口。

井道墙壁应有足够的强度，且不渗水。

步骤2 井道的复核	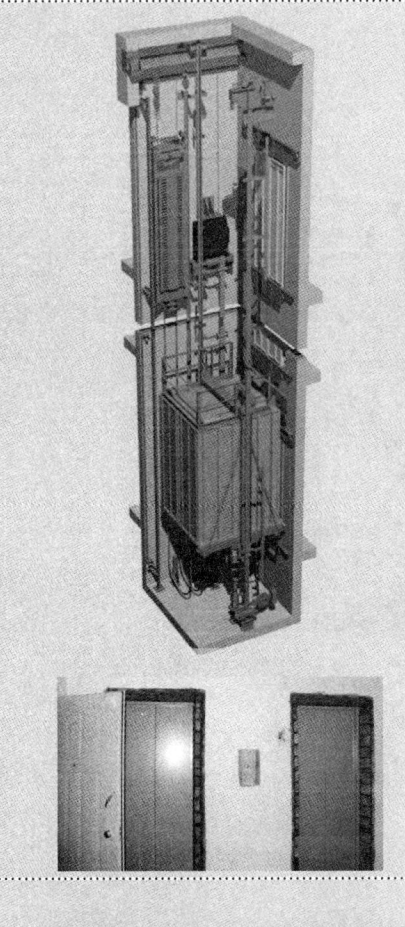	井道内宽度、深度、高度净尺寸应符合国家标准GB/T 7025.1《电梯主参数及轿厢、井道、机房的型式与尺寸 第1部分：Ⅰ、Ⅱ、Ⅲ、Ⅵ类电梯》、GB/T 7025.2《电梯主参数及轿厢、井道、机房的型式与尺寸 第2部分：Ⅳ类电梯》、GB/T 7025.3《电梯主参数及轿厢、井道、机房的型式与尺寸 第3部分：Ⅴ类电梯》的要求。 当上下相邻层门地坎间距超过11 m时，应设安全门。安全门高度不小于1.8 m，宽度不小于0.35 m。 检修门高度不小于1.4 m，宽度不小于0.6 m，且必须向井道外开。
步骤3 底坑的复核	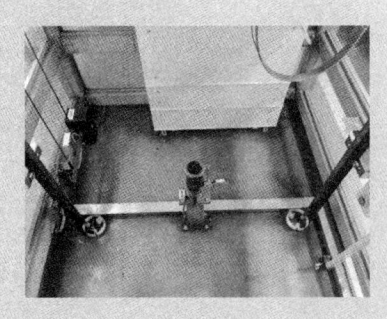	底坑深度应符合图样要求。 在底坑下面的人员防护空间中，对重缓冲器下设延伸到坚固地面的实心桩墩，或对重侧安装限速器－安全钳装置。 底坑应设一个AC 220 V电源插座。 底坑应不渗水，且光滑、平整，必要时应有排水设施。

表1-5 电梯机房"土建"交验检测记录

单位（子单位） 工程名称	×××	安装位置编号	××	检查（测试）日期	×年×月×日
"土建"布置图号	WS-K-06310A140110			同机房电梯台数	1
"土建"施工图号	×××			同井道电梯台数	1
本机房所处位置	顶层	本井道内最高端站位于 16 层，最低端站位于 -1 层			

续表

	检测项目	检测内容及其标准（设计）要求	检测结果及备注
机房	结构形式及位置	按图 1-4	符合要求
	内空间尺寸：宽×深×高	2 000 mm×1 750 mm×2 500 mm	符合要求
	楼地面（工作平台）上方净高	≥2 300 mm	符合要求
	通道和搬运空间	满足设备（材料）进场要求	符合要求
	人员进入（机房或滑轮间）	方便（不需要临时借助其他辅助设施）	符合要求
	建筑材料	经久耐用，不易产生灰尘（对于非消防员电梯）	符合要求
		耐火极限≥2 h（对于消防员电梯）	符合要求
	地板材料及承重	防滑，承重正常，液压电梯的应能防止油的污染	符合要求
	预留起重吊钩	材质：	—
		规格尺寸：	—
		承载力：16 kN	符合要求
		检查"土建"焊接隐蔽验收记录	符合要求
	楼板预留孔洞位置	按图 1-4 中的机房平面留孔图	符合要求
	防风雨、防渗漏水	功能良好	符合要求

注：按机房技术标准规定，还有除本表所列之外的其他电梯机房"土建"交验检测项目。这些项目（详见《电梯安装质量验收相关条件检测记录》中有"※"的）也可根据工程的实际情况，在考核质量验收相关条件时进行检测验收。

安装单位检查评定结论	专业工长（施工员）	×××	施工班组长	×××
	检查测试人员	×××		
	项目专业质量检查员：××× ×年×月×日			
监理（建设）单位验收结论	专业监理工程师（建设单位项目专业技术负责人）：××× ×年×月×日			

表 1-6 电梯井道"土建"交验检测记录

单位（子单位）工程名称	×××	安装位置编号	×××	检查（测试）日期	×年×月×日
检测项目		检测内容及其标准（设计）要求		检测结果及备注	

	检测项目	检测内容及其标准（设计）要求	检测结果及备注
井道	结构形式及位置	按图1-4	符合要求
	总高度（底坑深度+楼层间距×楼层数+顶层高度）	按图1-4和楼层数进行计算	符合要求
	截面最小净空：宽×深	2 000 mm × 1 750 mm	符合要求
		允许偏差：0～+25 mm	
	层门洞位置和尺寸（宽×高）	位置按图1-4；尺寸：1 000 mm × 2 170 mm	符合要求
	顶层高度	≥4 500 mm	符合要求
	底坑深度	≥1 500 mm	符合要求
	防渗漏水	功能良好，且底坑内不得有积水	符合要求
	底坑下面人员防护空间	对重缓冲器下设延伸到坚固地面的实心桩墩（在对重侧设安全钳装置的除外）	符合要求
	水平面基准标志	每层楼面设置	—
	外呼按钮预留孔洞的位置和尺寸（宽×高）	位置按图1-4；尺寸：120 mm × 450 mm	符合要求
	井壁、底坑板、顶板、隔离保护装置	有足够强度，不易产生灰尘，为非燃烧材料	符合要求
	固定导轨支架每档间距	2 000 mm	符合要求

注：按井道技术标准规定，还有除本表所列之外的其他电梯井道的"土建"交验检测项目。这些项目（详见《电梯安装质量验收相关条件检测记录》中有"※"的）也可根据工程的实际情况，在考核质量验收相关条件时进行检测验收。

安装单位检查评定结论	专业工长（施工员）	×××	施工班组长	×××
	检查测试人员	×××		
	项目专业质量检查员：×××			
				×年×月×日

监理（建设）单位验收结论	专业监理工程师（建设单位项目专业技术负责人）：×××	
		×年×月×日

注意事项

1. 导轨间距（圈梁间距）是否满足导轨支架安装条件。

2. 层门安装条件是否满足如下要求：符合最小楼层间距要求，轿厢与井道的垂直距离、安全运行距离及井道的垂直度符合要求。

3. 当轿厢与面对轿厢入口的井道壁距离大于 150 mm 时，应注意井道的防护措施或考虑配置机械锁，一般在货梯中分双折门上加机械锁。

4. 井道顶的最低部件要求

（1）与固定在轿顶上的最高部件之间的自由垂直距离应不小于（$0.3+0.035v^2$）m。这里 $0.035v^2$ 表示对应于 115% 额定速度 v 时的重力制动距离的一半，即 $\frac{1}{2} \times \frac{(1.15v)^2}{2g_n}$ =$0.0337v^2$，圆整为 $0.035v^2$。（g_n 为标准重力加速度，取值 9.81 m/s²。）

（2）与导靴或滚轮、曳引绳附件、垂直滑动门的横梁或部件的最高部分之间的垂直距离应不小于（$0.1+0.035v^2$）m。

培训单元 2　钢丝绳（2∶1）放置

掌握钢丝绳的放置方法

一、以 4 根钢丝绳为例

根据电梯载重设计及实际安装情况，绳轮槽、导向轮槽、轿顶轮槽及绳头板孔的数量会有所不同。为了考虑电梯运行过程中的安全性及平稳性，同样是 4 根钢丝绳，放置方式会有所不同，下面以两种情况为例进行说明。

一种情况，当绳轮槽、导向轮槽、轿顶轮槽均为 6 个，绳头板孔数也为 6 个时，钢丝绳放置方式如图 1-10 所示。图中阴影大圆孔为实际放置钢丝绳的绳头板孔，实心小圆孔为实际放置钢丝绳的轮槽，空心大、小圆孔分别为未放置钢丝绳的绳头板孔和轮槽。在 6 个轮槽中取中间 4 个轮槽放置钢丝绳，两端各空 1 个轮槽。

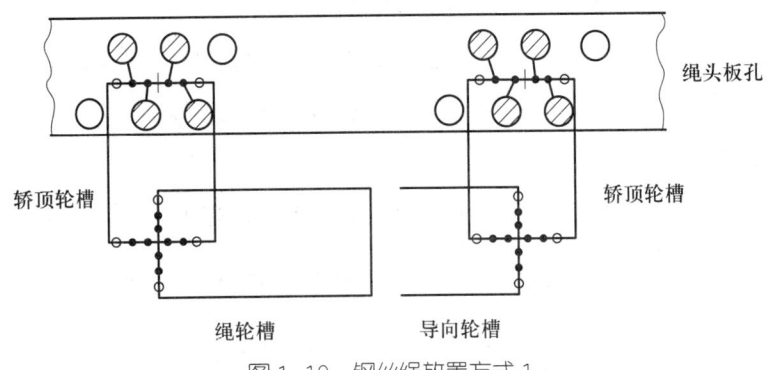

图 1-10　钢丝绳放置方式 1

另一种情况，当绳轮槽、导向轮槽均为 5 个，绳头板孔数也为 5 个，轿顶轮槽为 6 个时，钢丝绳放置方式如图 1-11 所示。图中阴影大圆孔为实际放置钢丝绳的绳头板孔，实心小圆孔为实际放置钢丝绳的轮槽，空心大、小圆孔分别为未放置钢丝绳的绳头板孔和轮槽。在 5 个绳轮槽、导向轮槽的两端各取 2 个轮槽，共 4 个轮槽放置钢丝绳，中间 1 个轮槽为空；在 6 个轿顶轮槽的两端各取 2 个轮槽，共 4 个轮槽放置钢丝绳，中间 2 个轮槽为空。

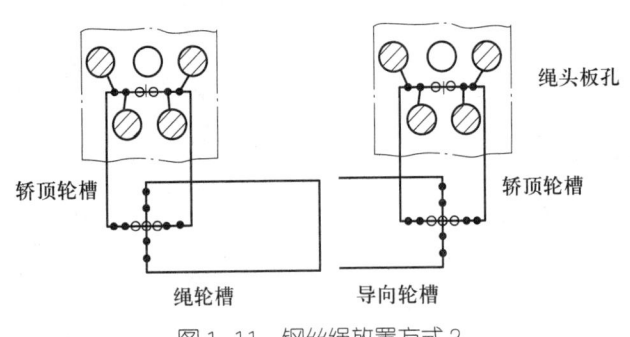

图 1-11　钢丝绳放置方式 2

二、以 5 根钢丝绳为例

当绳轮槽、导向轮槽、轿顶轮槽均为 6 个，绳头板孔数也为 6 个时，钢丝绳放置方式如图 1-12 所示。图中阴影大圆孔为实际放置钢丝绳的绳头板孔，实心小圆孔为实际放置钢丝绳的轮槽，空心大、小圆孔分别为未放置钢丝绳的绳头板孔和轮槽。在 6 个轮槽中取 5 个轮槽作为钢丝绳放置轮槽，第 3 个轮槽为空。

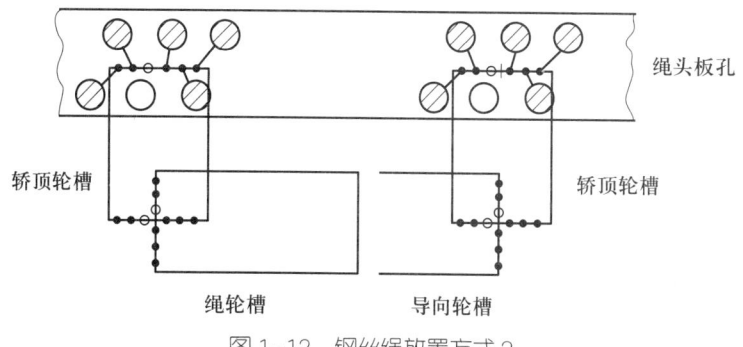

图 1-12 钢丝绳放置方式 3

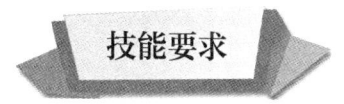

放置钢丝绳（2∶1）

操作准备

1. 设备材料

（1）绳头组合的规格、型号及数量符合电梯图样要求，质量合格，完好无损。

（2）钢丝绳公称直径符合电梯图样要求。

2. 主要工具

角磨机、铅丝、卷尺、扳手、石棉绳、钢丝钳、锤子。

3. 作业条件

（1）机房地面平整，无其他与电梯无关的设备和杂物。

（2）作业人员必须穿好工作服、防护鞋，戴好安全帽。

4. 技术要求

（1）每根钢丝绳的端部应用合适的端接装置固定在轿厢、对重（或平衡重）上，或系在钢丝绳固定部件的悬挂装置上。钢丝绳和端接装置的接合处至少应能承受钢丝绳最小破断负荷的 80%。

（2）悬挂钢丝绳的安全系数应不小于 10。

（3）至少应在悬挂钢丝绳的一端设置一个自动调节装置，用来平衡各钢丝绳的张力，使任何一根钢丝绳的张力与所有钢丝绳的张力平均值的偏差均不大于 5%。

操作步骤

1. 巴氏合金浇筑法

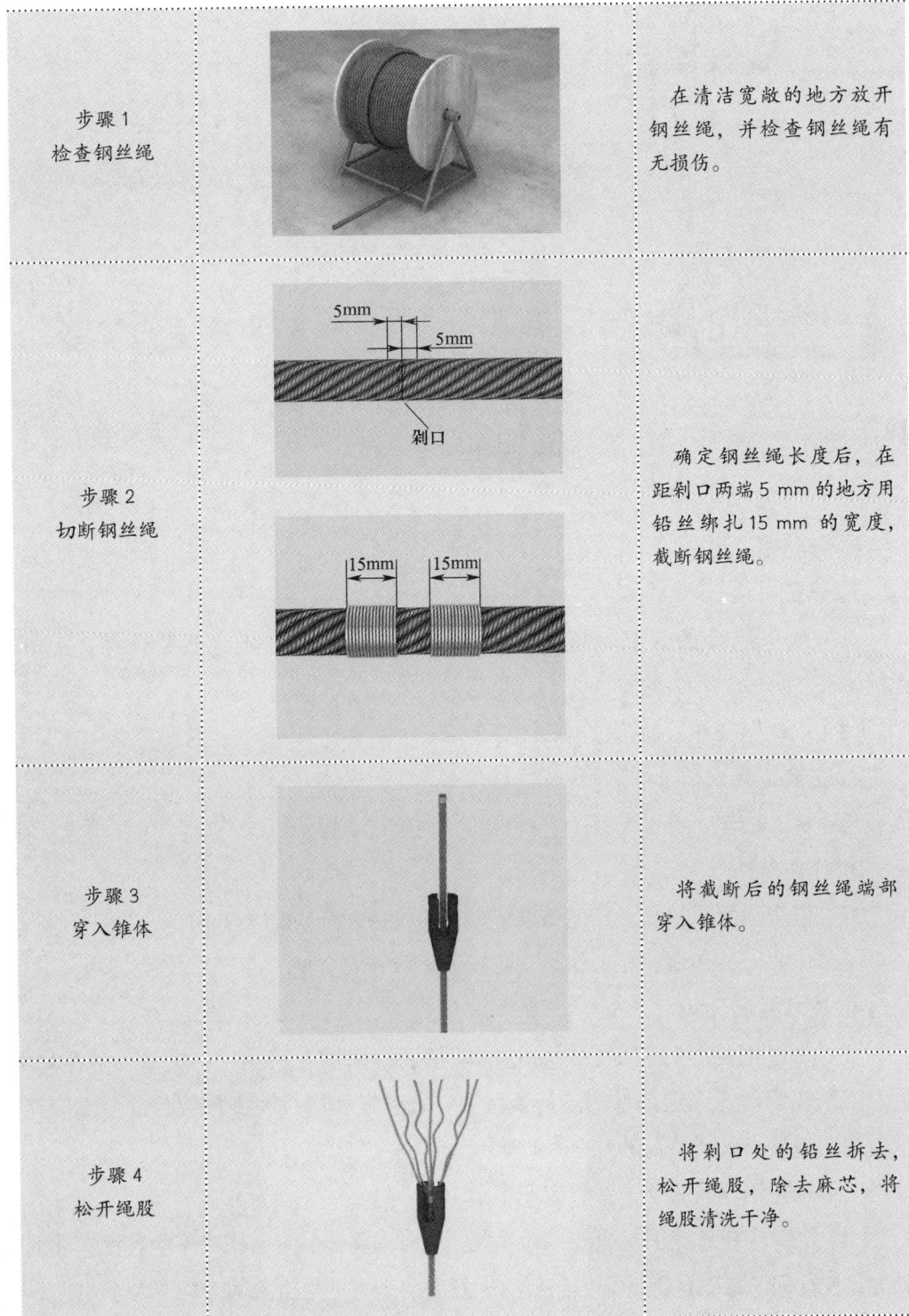

步骤1 检查钢丝绳	在清洁宽敞的地方放开钢丝绳,并检查钢丝绳有无损伤。
步骤2 切断钢丝绳	确定钢丝绳长度后,在距剥口两端5 mm的地方用铅丝绑扎15 mm的宽度,截断钢丝绳。
步骤3 穿入锥体	将截断后的钢丝绳端部穿入锥体。
步骤4 松开绳股	将剥口处的铅丝拆去,松开绳股,除去麻芯,将绳股清洗干净。

步骤5 将绳股放回锥体	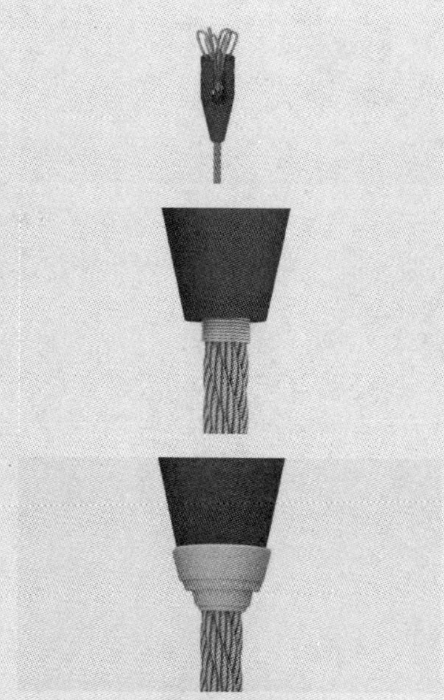	按要求尺寸将绳股回弯，并拉入锥套，下口用石棉绳扎紧。
步骤6 浇灌巴氏合金	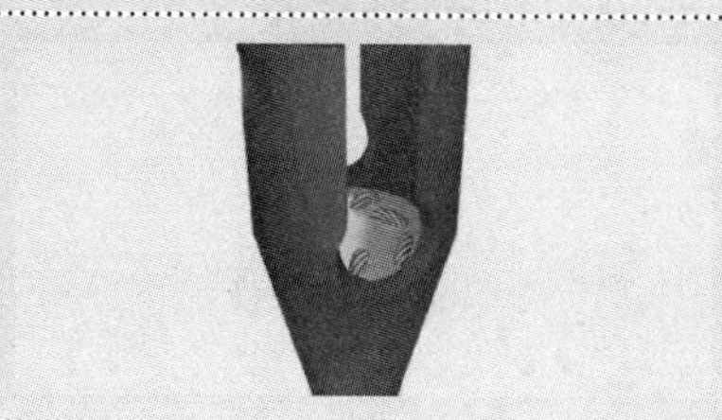	进行巴氏合金的浇灌，待其冷凝后观察是否有缺陷。

2. 自锁紧楔形绳套法

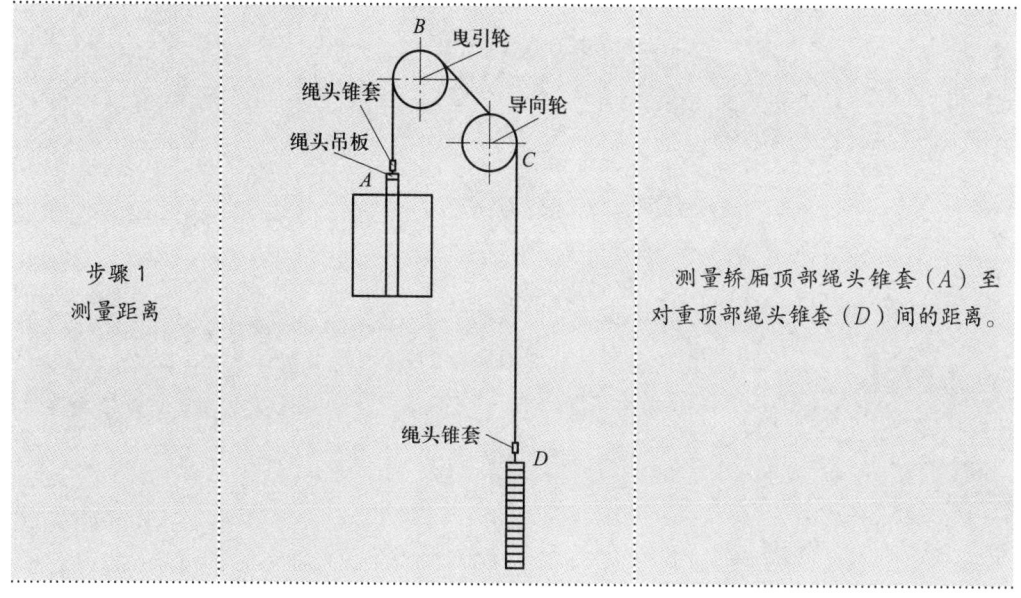

步骤1 测量距离		测量轿厢顶部绳头锥套（A）至对重顶部绳头锥套（D）间的距离。

步骤2 将钢丝绳穿入锥套	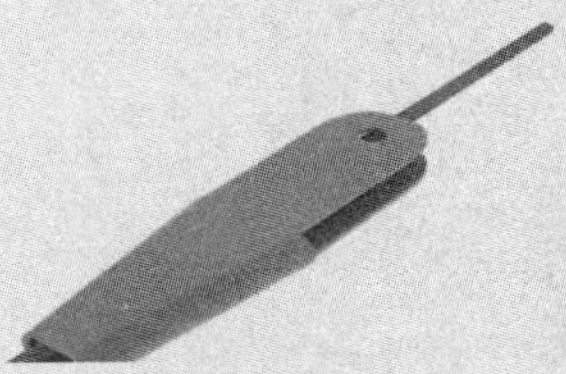 将钢丝绳穿入锥套，注意锥套的方向，有孔的部分为钢丝绳的伸出方向。
步骤3 使钢丝绳回弯	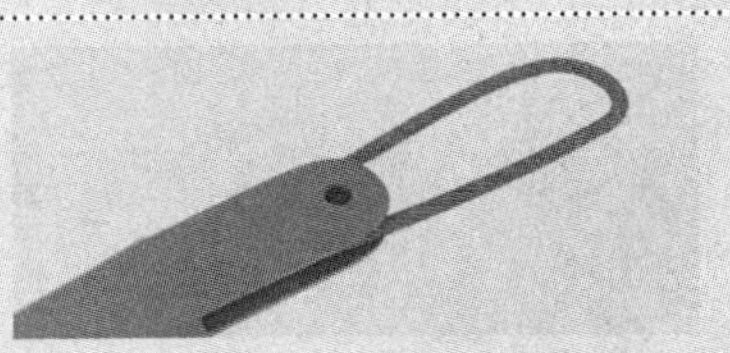 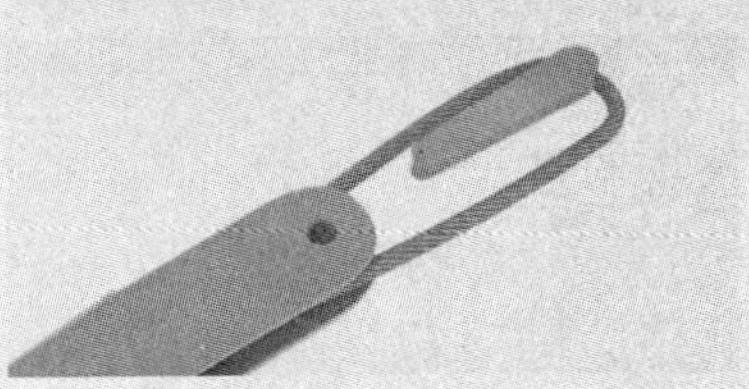 按规定要求将钢丝绳回弯，留出足够长度放入楔块，引入锥套。
步骤4 处理钢丝绳的露出部分	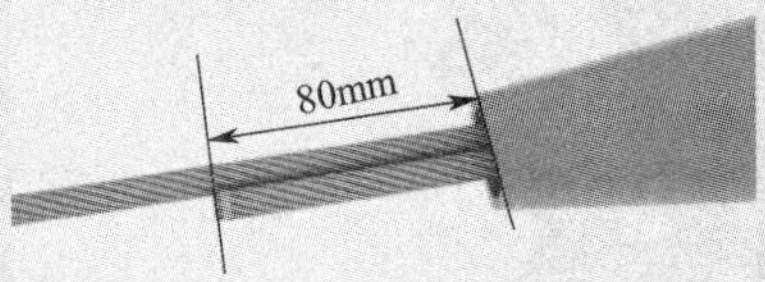 钢丝绳一头露出80 mm时，应用铅丝将绳头和绳体捆扎在一起。
步骤5 将楔块放入开口销	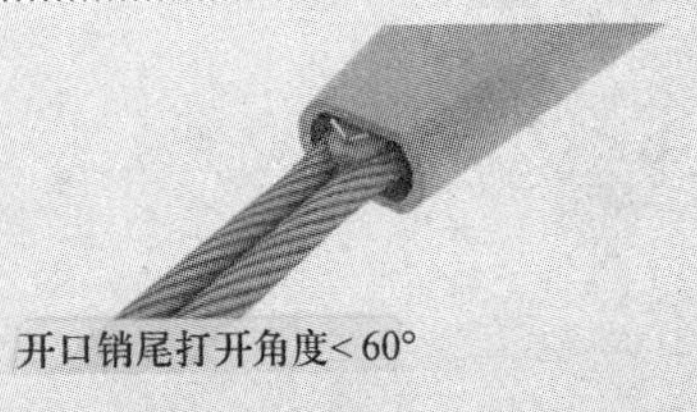 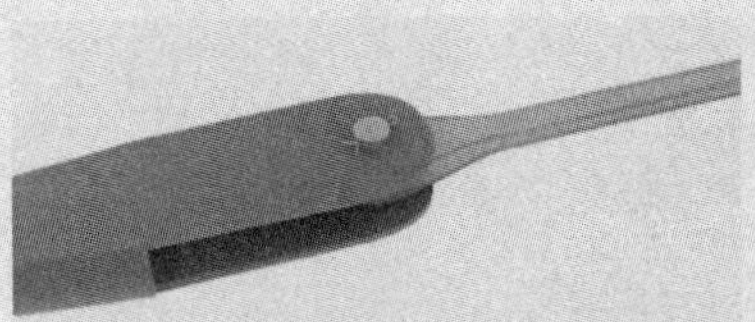 用力拉钢丝绳，直至楔块上的开口销孔露出，放入开口销；安装绳头拉杆。（开口销尾打开角度<60°）
步骤6 放置钢丝绳	 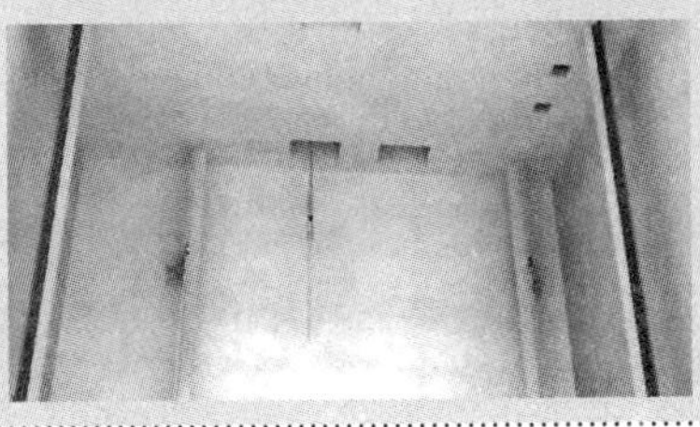 使一侧钢丝绳绕过曳引轮、导向轮并通过机房预留孔进入井道，使钢丝绳绕过对重反绳轮后返回机房。

职业模块1　安装调试

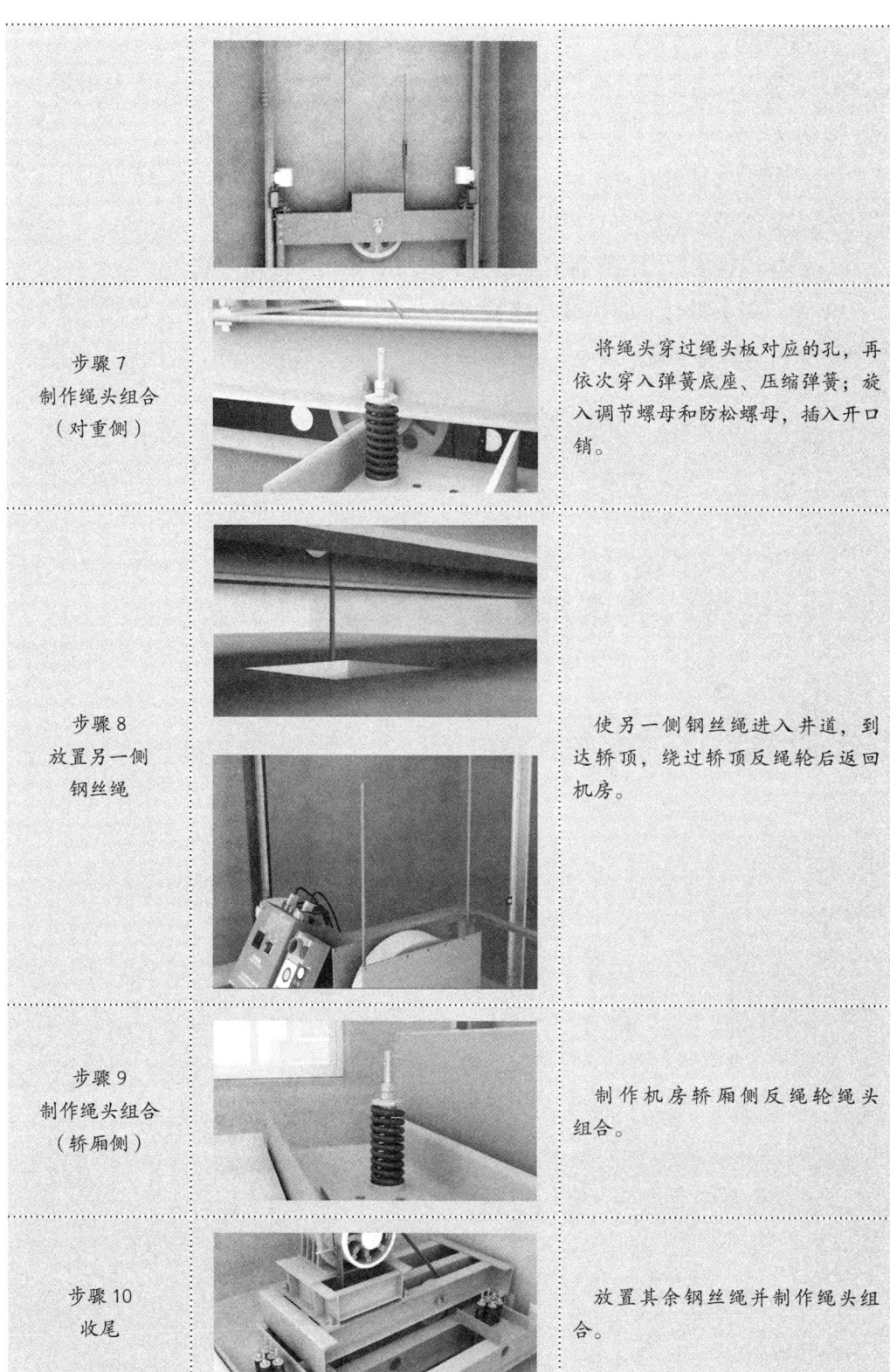

步骤7 制作绳头组合 （对重侧）	将绳头穿过绳头板对应的孔，再依次穿入弹簧底座、压缩弹簧；旋入调节螺母和防松螺母，插入开口销。
步骤8 放置另一侧 钢丝绳	使另一侧钢丝绳进入井道，到达轿顶，绕过轿顶反绳轮后返回机房。
步骤9 制作绳头组合 （轿厢侧）	制作机房轿厢侧反绳轮绳头组合。
步骤10 收尾	放置其余钢丝绳并制作绳头组合。

注意事项

1. 浇灌巴氏合金前,应将绳头锥套内的油、杂物等清洗干净,并采用缓慢加热的方法使锥套温度达到100℃左右。

2. 浇灌巴氏合金时必须一次完成,可一边浇灌一边轻击绳头,使巴氏合金灌实。在巴氏合金冷凝前不可移动绳头。

3. 钢丝绳挂接后应调整锥套上的弹簧长度,使钢丝绳张力均匀。

4. 调节绳头组合上的螺母并拧紧,插入开口销,穿入防锥套旋转的二次保护钢丝绳并用钢丝绳卡锁牢。

培训项目 3

轿厢对重设备安装调试

培训单元 1　安全钳和导靴安装调试

能够对安全钳和导靴进行安装调试

一、安全钳的定义

安全钳是指限速器动作时，使轿厢或对重停止运行保持静止状态，并能夹紧在导轨上的一种机械安全装置。安全钳的内部结构如图 1-13 所示。安全钳安装在轿厢的两侧，通过钢丝绳和拉杆连接到限速器上。

国家标准 GB 7588 规定：电梯轿厢下部都应设置一套只能在电梯超速下降时动作的安全钳。在达到限速器动作条件时，甚至在悬挂钢丝绳断裂的情况下，安全钳应能保证使满载轿厢制停在导轨上并保持静止状态。

二、安全钳的分类

1. 按结构特点分类

按结构特点的不同，安全钳可以分为楔块式安全钳、偏心式安全钳、滚子式安全钳及钳式安全钳四种。下面介绍前三种。

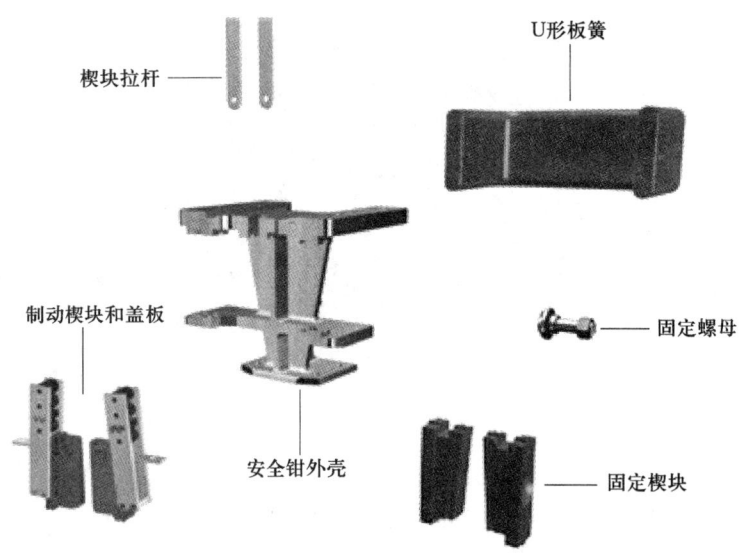

图 1-13 安全钳的内部结构

（1）楔块式安全钳（见图 1-14）。楔块式安全钳的钳体由铸钢制成，安装在轿架的下梁部位，由两个楔块（双楔式）夹持每根导轨，或靠一个楔块（单楔式）动作。一旦楔块与导轨接触，导轨就被夹紧，且越夹越紧，此时楔块式安全钳的动作与操纵机构无关。

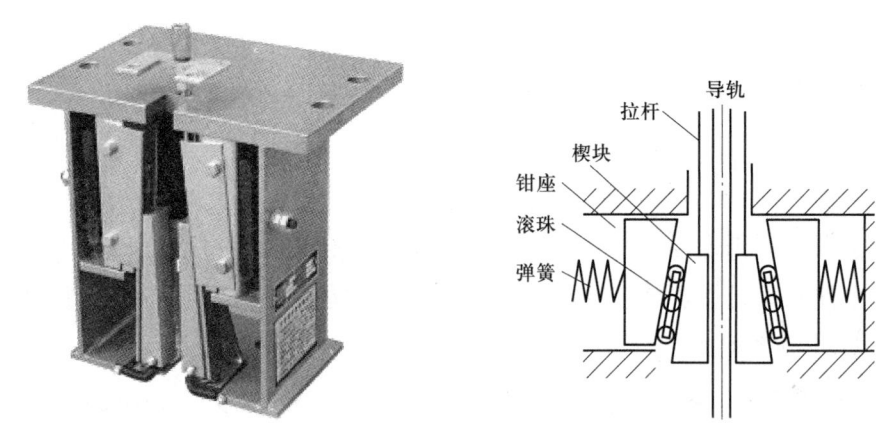

图 1-14 楔块渐进式安全钳

楔块式安全钳的楔块由优质钢制成。为了加大动作时楔块与导轨的摩擦力，常将楔块与导轨相贴的表面制成细齿花纹状。为了减小楔块与钳体之间的摩擦力，也可以在两者之间设置镀铬滚柱。当楔块式安全钳动作时，楔块在滚柱上相对于钳体运动。楔块的楔形角一般取 6°～8° 为宜。

常见的楔块式安全钳分为渐进式安全钳与瞬时式安全钳。两者的根本区别在于，前者的钳座具有弹性结构。当楔块被拉杆提起时，楔块贴合在导轨上起制动作用，并通过导向滚柱将推力传递给后侧的弹性组件，产生相对柔和的制动作用，使安全钳动作后容易复位。

（2）偏心式安全钳（见图1-15）。偏心式安全钳主要由两个半齿形硬化钢偏心块和两根联动的连接轴组成，连接轴的两端用键与偏心块相连。当安全钳动作时，连接轴相对转动，并通过连杆使偏心块保持同步动作。偏心块可由弹簧复位。由于偏心块卡在导轨处的面积很小，因此接触面受到的压力很大，动作时容易损坏。

（3）滚子式安全钳（见图1-16）。提起操纵杆时，钢制滚花滚柱在楔形槽内向上滚动，当其贴至导轨时，钳爪就在钳体内水平移动，与导轨相贴并将其夹紧。为了使两根导轨上的滚柱同时动作，两边连杆应用同一根轴。

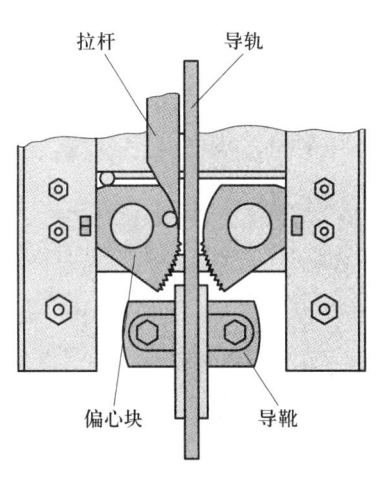

图1-15　偏心式安全钳

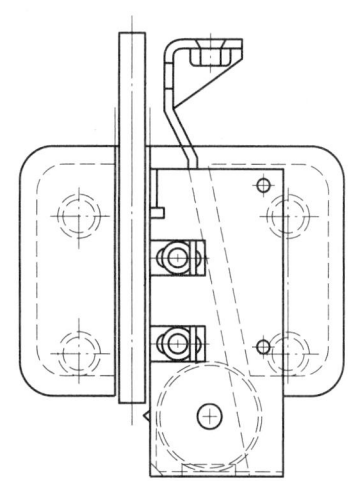

图1-16　滚子式安全钳

2. 按制动时间分类

按制动时间的长短，安全钳可以分为瞬时式安全钳和渐进式安全钳两种。

（1）瞬时式安全钳（见图1-17）。瞬时式安全钳是指能瞬时使夹紧力达到最大值，并能完全夹紧在导轨上的安全钳。瞬时式安全钳为整体式结构，一般用铸钢制成，具有足够的强度和刚度，因此又称刚性安全钳。在瞬时式安全钳制动过程中，其楔块或其他

图1-17　瞬时式安全钳

形式的卡块迅速卡在导轨表面，从而使轿厢制停在导轨上，因为制动时间和制动距离都很短，所以轿厢受到较大的冲击。

（2）渐进式安全钳。渐进式安全钳又称滑动式安全钳。对于高速乘客电梯来说，采用瞬时式安全钳是不合适的。因为电梯速度提高后，瞬时制动时轿厢和导轨会承受很大的冲击负荷，因而易对设备造成破坏。另外，如果轿厢内有乘客，也不利于保障乘客的健康和安全。

渐进式安全钳的钳座用钢板焊制而成，具有弹性夹持力，因此又称弹性安全钳。渐进式安全钳动作时，轿厢有一定的制动距离，这样轿厢的制动减速度小。渐进式安全钳动作时，规定轿厢在制动过程中的平均减速度应为 $0.2g_n \sim 1.0g_n$。

三、限速器－安全钳联动装置的工作原理和工作要求

1. 工作原理

限速器－安全钳联动装置由限速器、限速器钢丝绳、限速器轮、安全钳、安全钳操纵拉杆、连杆、张紧轮等组成，如图1-18所示。限速器一般安装在机房，限速器钢丝绳绕过限速器轮后，通过机房地板上开设的限速器钢丝绳孔竖直穿过井道，一直延伸到底坑中的张紧轮并形成回路。限速器钢丝绳绳头连接到位于轿顶的连杆系统（见图1-19），并通过一系列的安全钳操纵拉杆与安全钳相连。当电梯正常运行时，轿厢与限速器以相同速度升降。当电梯超速并达到限速器设定值时，限速器中的夹绳装置动作，将限速器钢丝绳夹住，使其不能移动，但由于轿厢仍在运动，于是两者出现相对运动。限速器钢丝绳通过安全钳操纵拉杆拉动安全钳制动元件，使安全钳制动元件紧紧地夹住导轨，利用摩擦力将轿厢制停在导轨上。

在安全钳制动过程中，由于摩擦力作用，轿厢、对重等的动能全部转换成热能。

只有将被制停在导轨上的轿厢（或对重）向上提起时，才能使轿厢（或对重）上的安全钳释放并复位。

2. 工作要求

（1）制动距离。安全钳的制动距离是指从限速器夹绳钳动作开始，到轿厢被制停在导轨上这段时间内，轿厢所运行的距离。渐进式安全钳制动距离见表1-7。

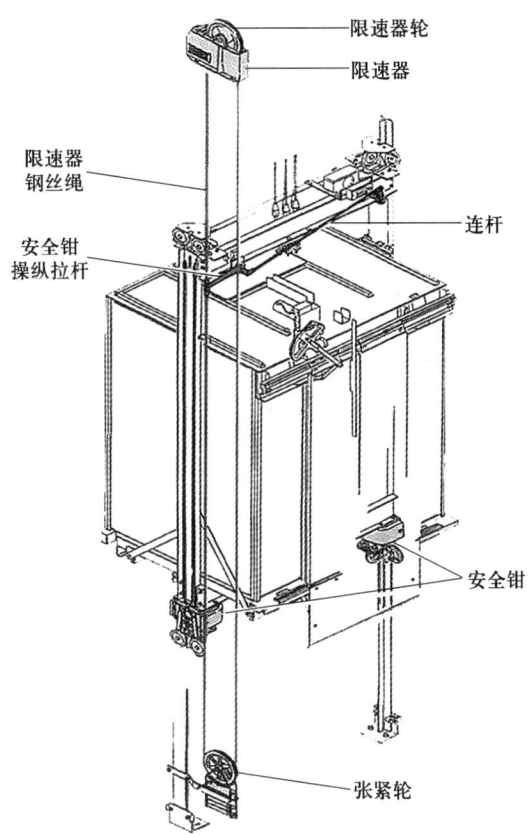

图 1-18 限速器-安全钳联动装置的结构

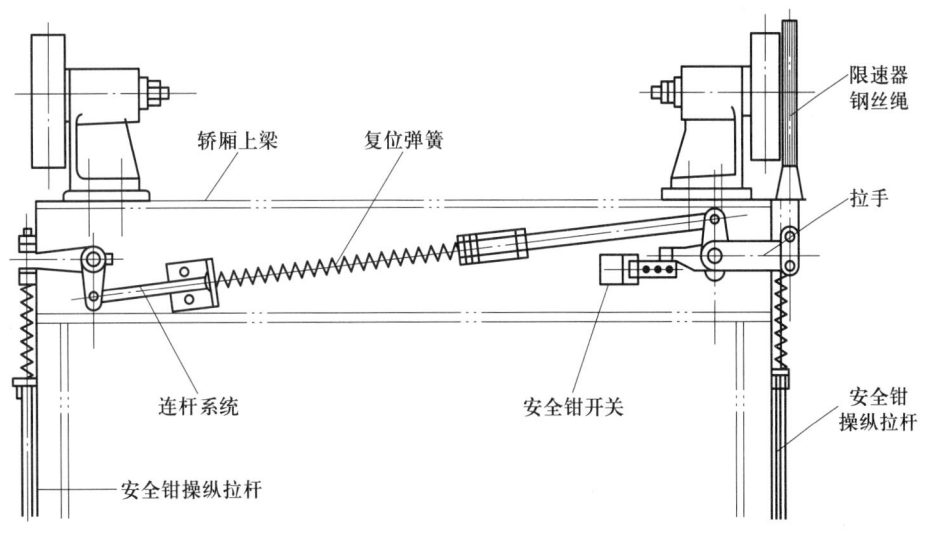

图 1-19 连杆系统

表 1-7 渐进式安全钳制动距离

电梯额定速度 /m·s^{-1}	限速器最大动作速度 /m·s^{-1}	制动距离 /mm	
		最小值	最大值
1.50	2.04	334	1 317
1.75	2.33	398	1 641
2.00	2.63	475	2 020
2.50	3.23	654	2 917
3.00	3.83	870	3 998

（2）制动减速度。制动减速度是指电梯被安全钳制动过程中的平均减速度。过大的制动减速度会造成剧烈的冲击，使乘客、货物以及电梯都受到损伤，因此必须对安全钳的制动减速度加以限制。根据国家标准 GB 7588 相关规定，滑移动作安全钳制动时平均减速度应为 $0.2g_n \sim 1.0g_n$。

（3）其他要求

1）若电梯额定速度大于 0.63 m/s，轿厢应采用渐进式安全钳；若电梯额定速度小于或等于 0.63 m/s，轿厢可采用瞬时式安全钳。

2）若轿厢有数套安全钳，则它们应全部是渐进式的。

3）若电梯额定速度大于 1 m/s，对重安全钳应是渐进式的，其他情况下可以是瞬时式的。

4）轿厢和对重的安全钳的动作应由各自的限速器来控制。若电梯额定速度小于或等于 1 m/s，对重安全钳可借助悬挂机构的断裂或借助一根安全绳来动作。

5）不得采用电气装置、液压装置或气动装置来操纵安全钳。

四、导靴的定义与分类

导靴安装在轿厢架和对重架上，分别称为轿厢导靴和对重导靴。导靴是确保轿厢和对重沿着导轨上下运行的装置，也是保持轿厢地坎、层门地坎、井道壁及操作系统各部件之间位置关系恒定的装置。常用的导靴按其在导轨工作面上的运动方式分为滑动导靴和滚轮导靴。

1. 滑动导靴

滑动导靴有刚性滑动导靴和弹性滑动导靴两种。在使用滑动导靴时应解决好润滑问题。

（1）刚性滑动导靴。刚性滑动导靴的结构比较简单，常被作为额定载重量在 3 000 kg 以上、运行速度在 0.63 m/s 以下的电梯的轿厢和对重导靴。这种导靴以前多用一块铸铁加工而成，如图 1-20 所示。在实际应用中，还常用尼龙做刚性导靴靴衬。这种有尼龙靴衬的导靴（见图 1-21）常被作为额定载重量在 3 000 kg（包含 3 000 kg）以下、运行速度在 0.63 m/s 以下的乘客电梯、医用电梯、载货电梯等的对重导靴。近年来，多用由 4～8 mm 钢板冲压成型并在滑动工作面包有消声耐磨塑料的导靴代替有尼龙靴衬的刚性滑动导靴。

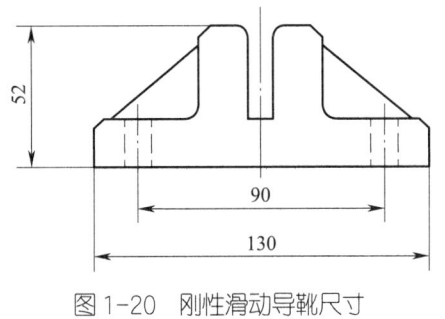
图 1-20 刚性滑动导靴尺寸

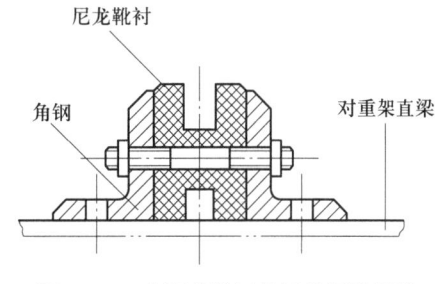
图 1-21 有尼龙靴衬的刚性滑动导靴

为了提高电梯的乘坐舒适感，减少运行过程的噪声，没有尼龙靴衬的刚性滑动导靴与导轨接触面处应有比较高的加工精度，并定期涂抹适量的润滑油，以提高其润滑性。

（2）弹性滑动导靴。对于额定载重量在 2 000 kg（包含 2 000 kg）以下、运行速度在 1.0 m/s 和 2.0 m/s 之间的电梯，其轿厢和对重导靴多采用性能较好的弹性滑动导靴。弹性滑动导靴的结构如图 1-22 所示。

采用弹性滑动导靴时，常在导靴上设置导轨加油盒，以在电梯上下运行过程中给导轨工作面涂适量的润滑油。

2. 滚轮导靴

对于刚性滑动导靴和弹性滑动导靴来说，其靴衬无论是铁制成的还是尼龙制成的，在电梯运行过程中与导轨之间总存在摩擦力。这个摩擦力不但增加曳引机的负荷，而且是轿厢运行时引起振动和噪声的原因之一。为了减少导轨与导靴之间的摩擦力，提高乘坐舒适感，在运行速度大于 2.0 m/s 的高速电梯中，常采用滚轮导靴（见图 1-23）。

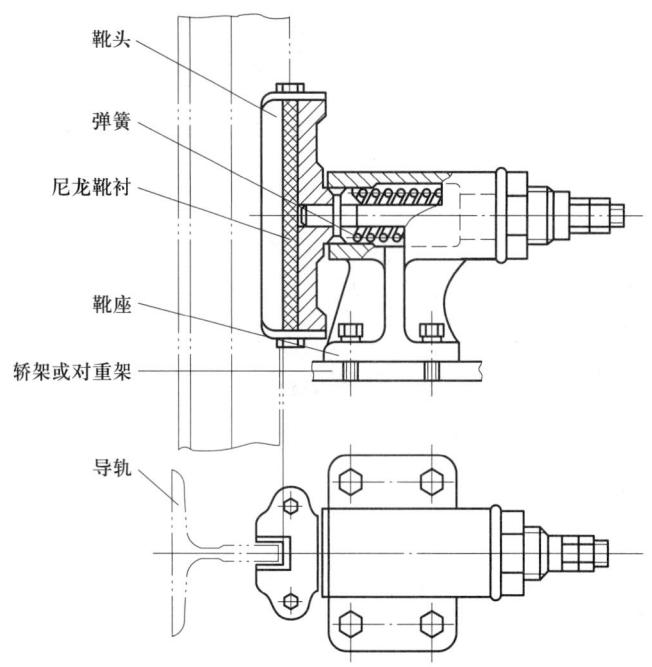

图 1-22 弹性滑动导靴

滚轮导靴主要由两个侧面滚轮和一个端面滚轮构成，三个滚轮从三个方向卡住导轨，使桥厢沿着导轨上下运行。当轿厢运行时，三个滚轮同时滚动，保持轿厢在平衡状态下运行。为了延长滚轮的使用寿命，减少滚轮与导轨工作面做滚动摩擦运动时所产生的噪声，滚轮外缘一般由橡胶、聚氨酯材料制成。注意，使用滚轮导靴时不需要润滑。

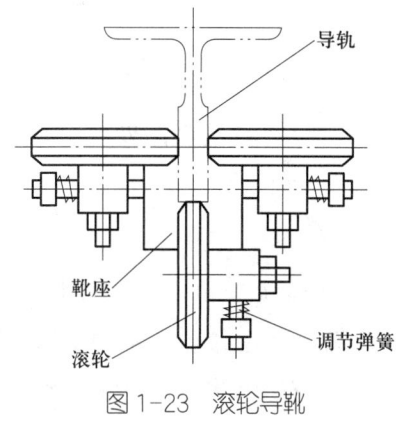

图 1-23 滚轮导靴

安装调试安全钳

操作准备

1. 设备材料

（1）轿厢零部件应完好无损，数量齐全，规格符合要求。

（2）各传动部件、转动部件应灵活可靠，安全钳装置应有型式试验证书，渐进式安全钳还必须有调试证书副本。

（3）方木（200 mm×200 mm）或工字钢，100 mm×100 mm 角钢，直径大于 50 mm 的圆钢或 ϕ75 mm×4 mm 的钢管。

2. 主要工具

尖角塞尺、扳手、锤子、水平尺。

3. 作业条件

（1）作业现场能提供 220 V 交流电源。

（2）机房装好门窗，门上加锁。严禁非施工人员出入，机房地面无杂物。

（3）施工人员必须穿好工作服、防护鞋，戴好安全帽，系好安全带。

（4）顶层脚手架拆除后，应有足够的施工空间。

4. 技术要求

（1）轿厢空载或者载荷均匀分布的情况下，安全钳动作后轿厢地板的倾斜度应不大于其正常位置的 5%。

（2）安全钳楔块面与导轨侧面的间隙应为 2~3 mm，间隙差值不大于 0.5 mm。若厂家有要求，应按产品要求进行调整。

（3）安全钳钳口与导轨顶面的间隙应不小于 3 mm，间隙差值不大于 0.5 mm。

操作步骤

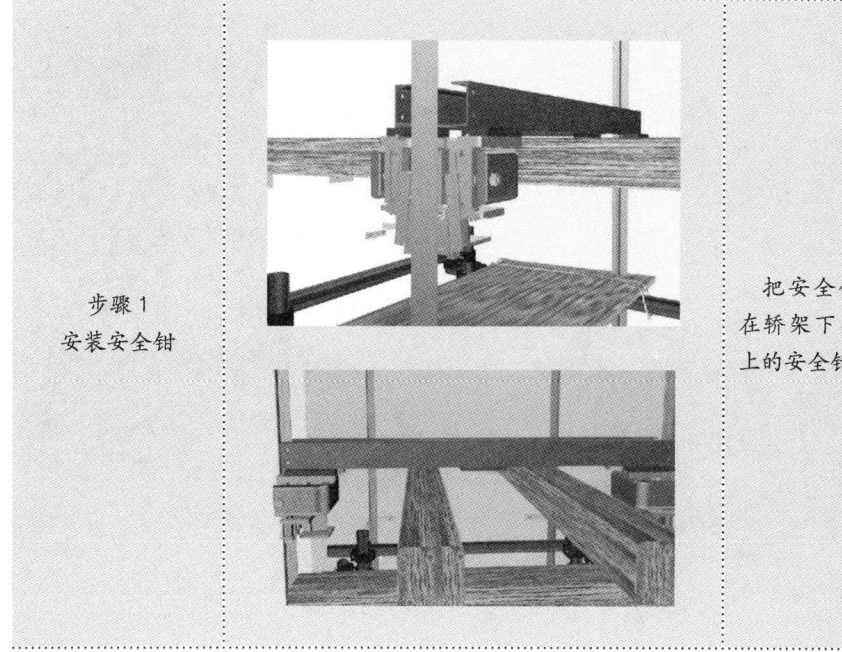

| 步骤 1 安装安全钳 | | 把安全钳的楔块分别放在轿架下梁两端或对重架上的安全钳钳座内。 |

步骤2 固定安全钳	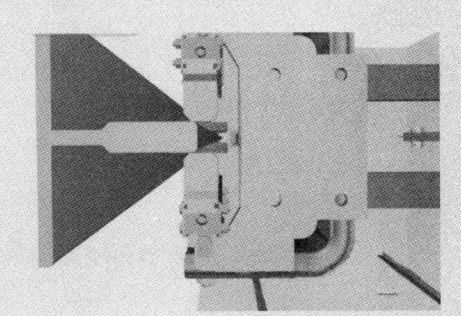	通过调整各楔块拉杆上端的螺母来调整楔块面与导轨侧面的间隙。
步骤3 安装及调整安全钳提拉机构		调整上梁横拉杆的弹簧张力,以满足安全钳装置对提拉力的要求,同时在安全钳各动作部位加润滑油,使其动作灵活。
步骤4 安装安全钳操纵拉杆	 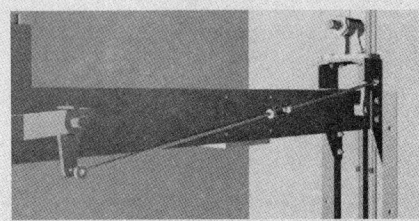	安装安全钳四根垂直拉杆,每侧安装两根,使拉杆的下端与楔块连接、上端与上梁的安全钳传动机构连接;在上梁安装安全钳电气开关,并调整位置。

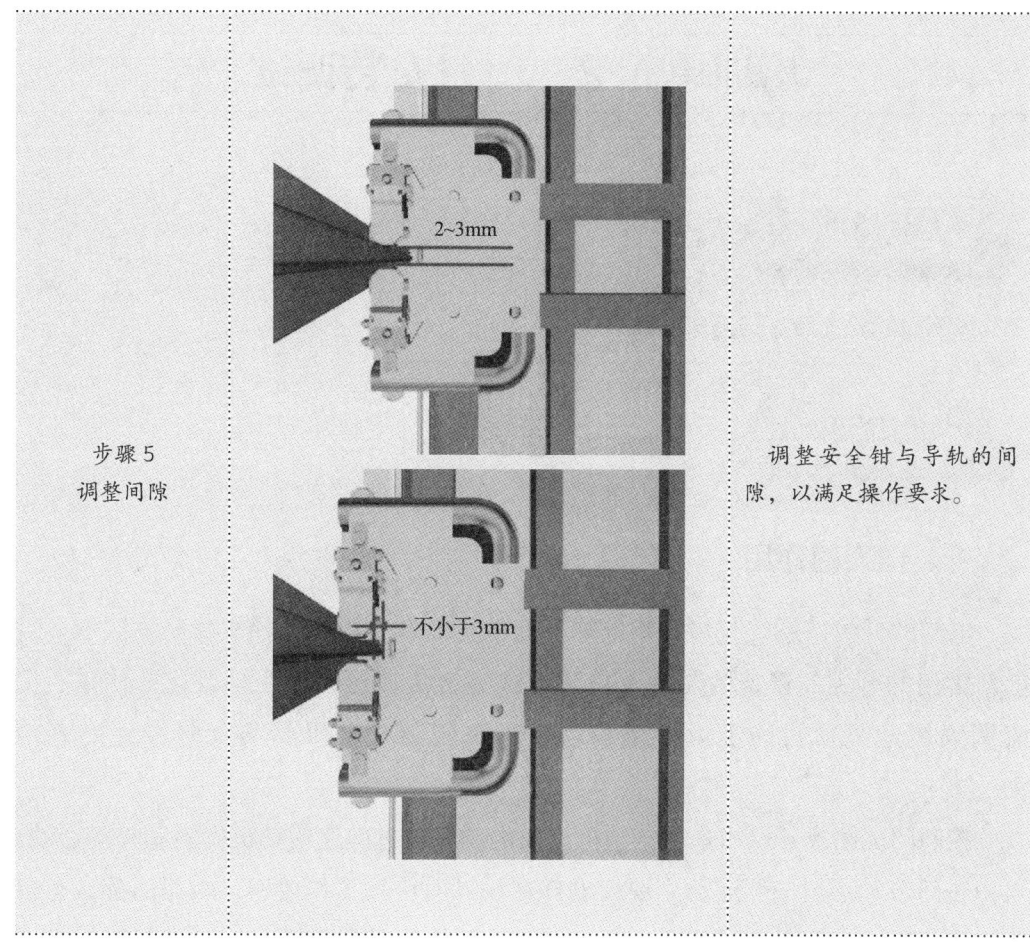

步骤5
调整间隙

调整安全钳与导轨的间隙,以满足操作要求。

注意事项

1. 当轿厢对重全部装好且钢丝绳安装完毕,在拆除上端站所架设的支撑轿厢的横梁和支撑对重的支撑件前,一定要先将限速器、限速器钢丝绳、张紧装置、安全钳操纵拉杆、安全钳开关等安装完毕。

2. 在安装安全钳的过程中,不可以将轿厢整体吊起后悬空或停滞太长时间,因为这是很不安全的。正确的做法是用两根钢丝绳作为保险绳,钢丝绳应做有绳头,使用时配以卸扣,使轿厢重量完全由两根钢丝绳承受。这时应松去手拉葫芦的链条,使手拉葫芦处于完全不承担载荷的状态。

培训单元 2　门刀安装调试

能够对门刀进行安装调试

一、门刀的作用

电梯的开关门系统直接影响电梯运行的可靠性，也是电梯故障高发区域。目前，常用的开关门系统的驱动及传动方式有直流调压调速驱动及连杆传动、交流调频调速驱动及同步齿形带传动、永磁同步电动机驱动及同步齿形带传动。

控制门关闭或开启的是门电动机。门电动机通过减速传动机构驱动轿门运动，再由轿门带动层门一起运动。现代电梯在设计时讲究工作效率，因而门都具有启闭迅速的特点，但是为了避免在起止端产生冲击，一般要求自动开关门机构应具有自动调速功能，使门在启闭过程中速度变化合理。

二、门刀的分类

安装在轿门上的门刀分为单式门刀和复式门刀，如图 1-24 所示。

轿厢平层停站后，安装在轿门上的门刀将安装在层门上的门锁滚轮夹在中间，且门刀与门锁滚轮保持一定间隙。当收到电控柜的开门信号时，门电动机驱动门机；当门刀夹住门锁滚轮的移动距离超过开锁行程时，锁臂与锁钩脱离啮合状态，此时完成开锁动作，并由轿门门刀带动层门门锁滚轮继续走完整个开门过程。

三、门刀的安装与调整要求

将门刀装在轿门的对应位置上，前后及左右方向的垂直度误差不大于 1 mm，

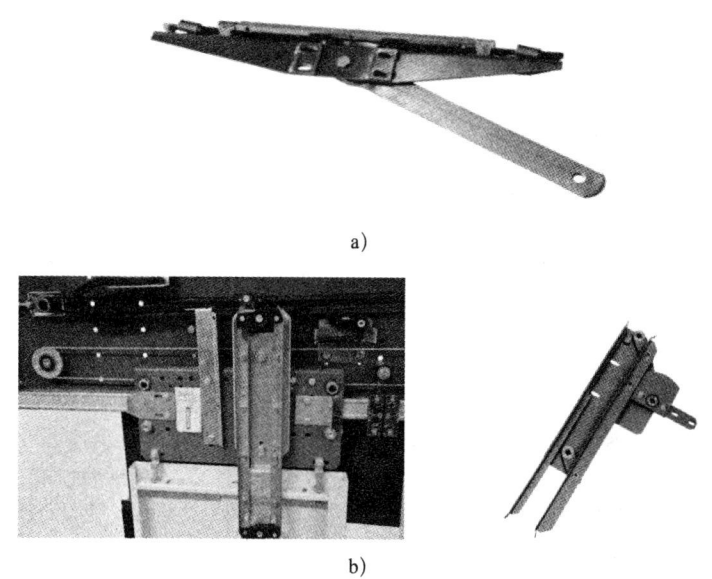

图 1-24 门刀的类型
a) 单式门刀　b) 复式门刀

如图 1-25 所示。在设定层，从层门地坎到门刀尖端的距离用垫片调整到 5~10 mm。以亚龙 YL-777 型电梯为例，根据图样要求：当门刀打开至 46 mm 时，用垫片调整到与凸出的倾斜面相接触的状态；当门全关时，确认门刀的开口度是否为（72±1）mm，如图 1-26 所示。

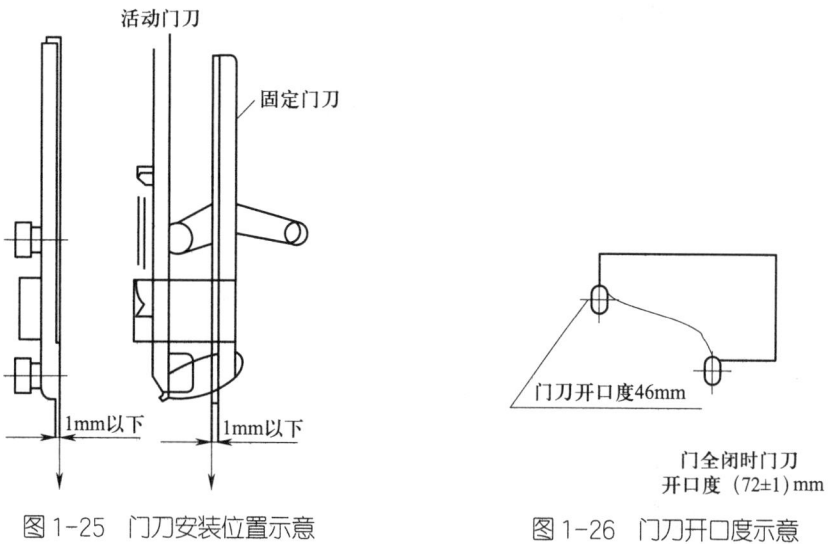

图 1-25　门刀安装位置示意　　图 1-26　门刀开口度示意

观察电梯慢车运行的状态，门刀与各层层门门锁滚轮的啮合量应大于 8 mm，各层层门门锁滚轮与门刀、与轿厢地坎的间隙都应为 5~10 mm，门刀与各层层门地坎的间隙应为 5～10 mm，各层层门门锁滚轮与轿厢地坎距离为 7～9 mm。

安装调试门刀

操作准备

1. 设备材料

（1）门刀应完好无损，数量齐全，规格符合要求。

（2）各传动部件、转动部件应灵活可靠。

（3）门机的安装符合标准。

2. 主要工具

扳手、线坠、钢直尺、卷尺。

3. 作业条件

（1）作业现场能提供 220 V 交流电源。

（2）施工人员必须穿好工作服、防护鞋，戴好安全帽。

（3）层门口区域无杂物及其他无关人员。

4．技术要求

1. 门刀与层门地坎、层门门锁滚轮与轿厢地坎、门刀与层门门锁滚轮的间隙应符合要求，且在电梯运行时它们不得相互碰擦。

2. 门刀垂直度误差不大于 0.5 mm。

操作步骤

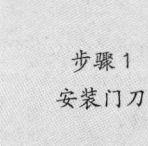 步骤1 安装门刀		在门机对应的螺栓孔处固定门刀。

步骤2 检查垂直度	 	利用线坠检查固定门刀和活动门刀的垂直度，包括前后、左右的垂直度。
步骤3 检查门刀与层门地坎的间隙	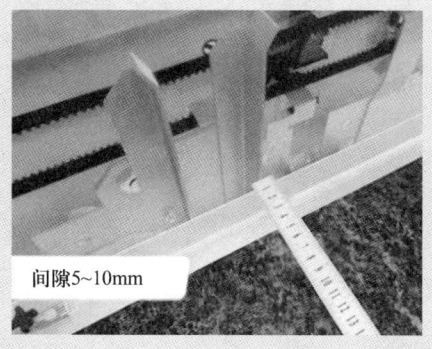	检修运行电梯，检查门刀与层门地坎的间隙是否符合5~10mm的要求。
步骤4 检查门刀与层门门锁滚轮的间隙	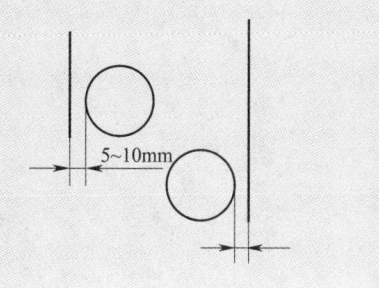	检查门刀与层门门锁滚轮的间隙是否符合标准。

注意事项

1. 各传动部件应无刮痕,可将其擦净后加少量润滑油,确保动作灵活。
2. 轿门带动层门时,门刀不应有异常声响。
3. 调整门刀前,必须先调整好门机的垂直度。

培训项目 4 自动扶梯设备安装调试

培训单元 1 扶手带运行速度调试

能够对扶手带运行速度进行调试

扶手带是位于扶手装置的顶面,与梯级或踏板同步运行,供乘客扶握的带状部件。国家标准 GB 16899《自动扶梯和自动人行道的制造与安装安全规范》规定:在正常运行条件下,扶手带的运行速度相对于梯级、踏板或胶带实际速度的允差为 0%~+2%。如果扶手带比梯级、踏板或胶带运行得慢,容易导致乘客手臂后拉、身体后仰而发生意外事故。

一、扶手带的驱动原理

在乘用自动扶梯或自动人行道时,如果有人故意按压、拉拽扶手带,有时会出现扶手带暂时停滞的现象。要解决这个问题,必须首先了解扶手带的驱动原理。

扶手带的驱动原理:一般由驱动主机通过驱动链带动梯级链轮,梯级链轮再通过扶手带驱动轴链条驱动扶手带驱动轴;安装在扶手带驱动轴上的扶手带摩擦轮与扶手带进行摩擦运动,带动扶手带运行,如图 1-27 所示。

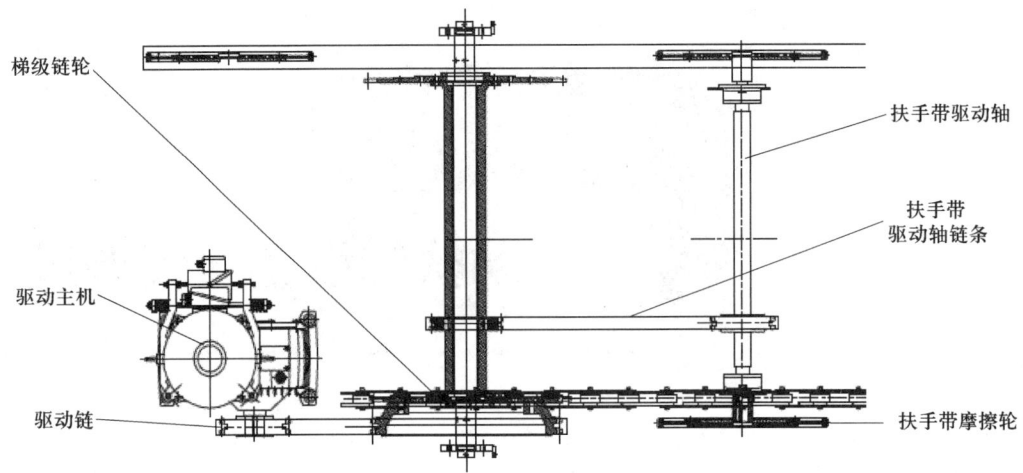

图1-27 扶手带驱动原理

运动的扶手带是在平导轨或滚轮导轨上滑动的,这就要求这些导轨与扶手带间的摩擦力尽可能小,以便减小驱动扶手带运动所需的驱动力。同时,由于扶手带是利用自身和其接触的转动的滚轮或滚轮组件之间的摩擦力产生运动的,因此要求扶手带和其接触的滚轮或滚轮组件间的摩擦力尽可能大,以提供足够的扶手带驱动力。

设计扶手带时,要对驱动时要求的高摩擦力和运动时要求的低摩擦力进行均衡。

二、扶手带的驱动方式

扶手带按驱动方式可分为摩擦轮驱动型扶手带和压滚轮驱动型扶手带两种。目前,摩擦轮驱动型扶手带应用较多,而压滚轮驱动型扶手带应用较少,后者主要是一些中日合资电梯公司在使用。

1. 摩擦轮驱动型扶手带

这种扶手带通常压紧在摩擦轮上,以获得足够的驱动力。一般有两种用于辅助压紧扶手带的装置——压带式压紧装置和压带链式压紧装置。

(1)压带式压紧装置(见图1-28)。在压带式压紧装置中,摩擦轮($\phi 600$ mm~$\phi 900$ mm)的金属轮外缘包有橡胶或聚氨酯,以增大与扶手带之间的摩擦力。其中,橡胶型摩擦轮能产生较大的摩擦力,在室内扶梯和室外扶梯均可使用,但其缺点是易磨损,当橡胶磨损后轮径变小,扶手带速度降低,与梯级速度不同步。而聚氨酯型摩擦轮的耐磨性则较好、使用寿命较长,但通常仅适合在室内扶梯使用。

图 1-28 压带式压紧装置

在摩擦轮的两侧设有导向排轮，具有导向作用和张紧作用。通过调整导向排轮，可以调整扶手带和摩擦轮接触包角的大小及扶手带的张紧程度。

（2）压带链式压紧装置（见图 1-29）。压带链由一排滚轮组成，压紧在扶手带表面，使扶手带的内表面与摩擦轮外缘的包胶贴紧而产生摩擦力。

图 1-29 压带链式压紧装置

2. 压滚轮驱动型扶手带

这种扶手带的驱动装置由上、下压滚轮群组组成，如图 1-30 所示。上压滚轮群组通过自动扶梯的驱动主轴获得动力驱动扶手带，下压滚轮群组从动并压紧扶手带。压滚轮驱动与摩擦轮驱动的基本原理一样，都是采用摩擦原理实现扶手带的驱动。但是压滚轮驱动型扶手带采用的是若干直径较小的压滚轮（ϕ130 mm ~ ϕ180 mm），由扶手带紧靠在压滚轮上产生的正压力转

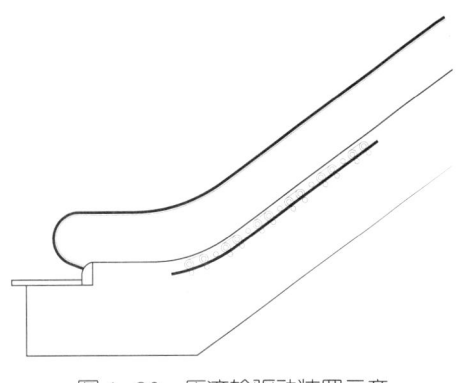

图 1-30 压滚轮驱动装置示意

化成摩擦力来驱动扶手带，因此驱动力的大小只与正压力以及压滚轮和扶手带之间的摩擦系数有关，而与扶手带的初拉力无关。由于该驱动装置各压滚轮排列成直线，因此又称直线压滚式扶手带驱动装置。

三、扶手带的驱动能力与驱动力

1. 影响扶手带驱动能力的因素

要提高扶手带的驱动能力，需要从两个方面着手。一方面，提高扶手带的驱动力；另一方面，降低扶手带运行时的阻力。

（1）扶手带驱动力的影响因素

1）扶手带和驱动组件之间的摩擦系数。

2）扶手带和驱动组件之间的接触面积。

3）扶手带上的额外压紧力。

4）扶手带张紧程度（对压滚轮驱动没有影响）。

（2）扶手带阻力的影响因素

1）扶手导轨系统的摩擦阻力，尤其是头部转向段和圆弧转向段。

2）环境对摩擦系数的影响，如湿度和温度。

3）乘客手扶扶手带时产生的阻力。

4）扶手带张紧程度。

2. 扶手带驱动力的调节

扶手带驱动力过大将加快摩擦轮和扶手带的磨损，扶手带驱动力过小又会导致自动扶梯不能正常运行。

扶手带驱动力通过调节弹簧长度（L）来调节，如图 1-31 所示。调节完毕应确保压紧链条的所有滚轮与扶手带完全接触，且自动扶梯运行时压紧链条的滚轮应正常运转，扶手带与梯级的运行速度允许偏差为 0 ~ +2%。

四、扶手带张紧程度的调节

当扶手带上行 2 ~ 3 圈后，返回侧扶手带在玻璃夹紧件中间位置处的自由下垂量应为 8mm 左右。如果不满足要求，调节方法有两种，具体如下。

方法一：通过下压滚轮群组的左右移动来满足扶手带的张紧程度要求。顺时针松开螺母，下压滚轮群组随调节螺杆向右移动，扶手带逐步张紧；反之，则使扶手带松弛，如图 1-32 所示。

图 1-31 扶手带驱动力调节

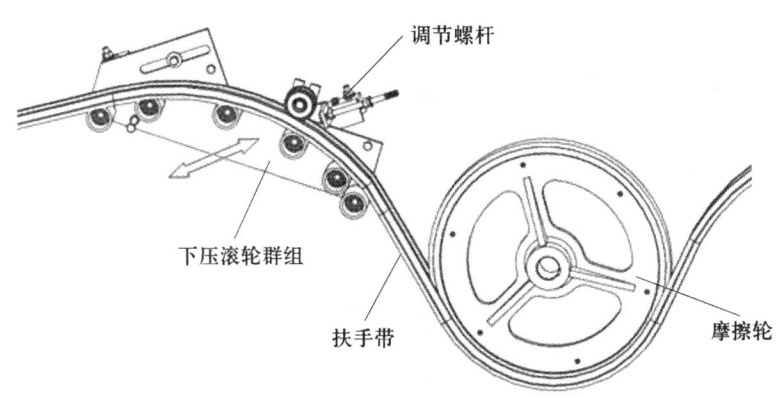

图 1-32 调节下压滚轮群组

方法二：通过扶手带张紧装置的上下移动来满足扶手带的张紧程度要求。张紧装置向下调节，扶手带逐步张紧；反之，扶手带松弛，如图 1-33 所示。

五、扶手带与滚轮群的调节

左右移动或适量地转动滚轮群，使扶手带从端部导轨处进入上压滚轮群组时，扶手带过渡圆弧处均无明显的拐点，如图 1-34 所示。如果有明显的拐点，视其状态拧松滚轮群与桁架的紧固螺母并垫入垫片，最后拧紧紧固螺母。

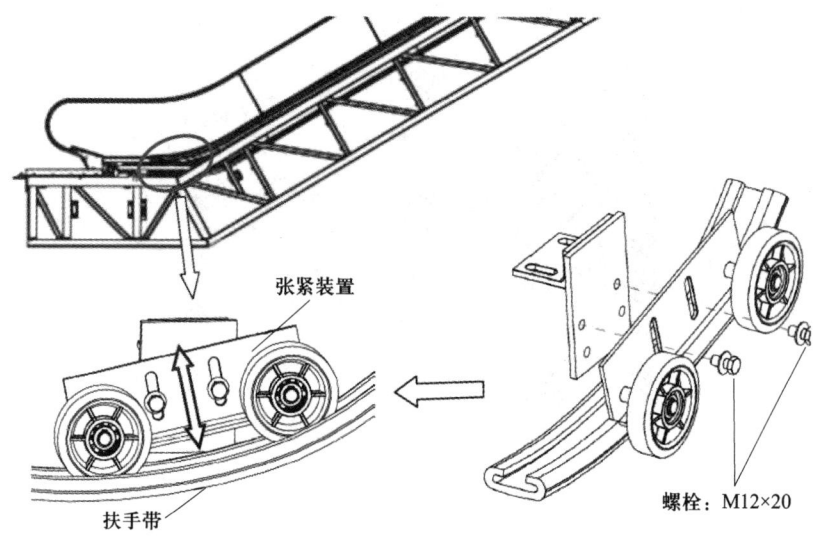

图 1-33　调节扶手带张紧装置

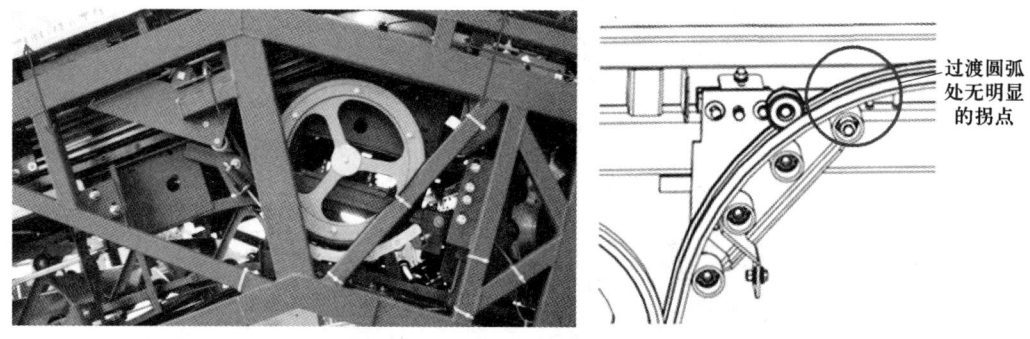

图 1-34　扶手带与滚轮群的调节

培训单元 2　主电源与控制柜电气线路安装调试

能够安装主电源,接通主电源与控制柜的电气线路

一、照明和插座的要求

国家标准 GB 16899 中关于照明和插座的要求具体如下。

电气照明装置和电源插座的电源应与驱动主机电源分开,并由单独的供电电缆或由接在自动扶梯或自动人行道电源总开关之前的分支电缆供电。电气照明装置和电源插座的电源应能用一个独立的开关切断各相供电。

在桁架内的机房、驱动站和转向站中的电气照明装置应为常备的手提行灯。手提行灯可设置在驱动站、转向站或机房中的某一处。应在这些地点的每一处配备一个或多个电源插座。

工作区域的照度应至少为 200 lx。

插座应是 2P+PE 型(两极 + 地线),250 V,由主电源直接供电;或由符合 GB/T 16895.21《低压电气装置 第 4-41 部分:安全防护 电击防护》规定的安全特低电压供电。

二、接线前的检查与测量

在对自动扶梯设备进行接线之前,应将标明"正在进行调试"的警示牌和围栏放置在自动扶梯出入口处。检查人员应穿戴好劳保用品,正确着装(服装尺码合体),束紧领口、袖口,挽起长发,取下佩戴的项链、手表等饰品。注意,不要打扰其他员工的工作或使其分心,除了要对自己的安全负责,也要对他人的安全负责。

1. 设备接地检查

在对自动扶梯设备进行通电调试前,应检查设备的接地情况,确保接地良好。要求供电电源自进入机房或者驱动站、转向站起,中性线(N)与保护线(PE)始终分开。

国内民用供电线路一般是相线之间的电压(即线电压)为 380 V,相线和地线或中性线之间的电压(即相电压)为 220 V。每一单独设备的接地线必须直接接至接地干线上,不得相互串接后再接地。

2. 电源主开关检查

自动扶梯要求设置一个能切断电动机、制动器释放装置和控制电路电源的主开关,该开关不应切断插座或检查和维修所必需的照明电路的电源。主开关在断开后应被锁住或处于"隔离"位置,以确保不会出现误操作。主开关应能切断自动扶梯(或自动人行道)在正常使用情况下的最大电流。主开关的电流容量为驱动主机额定功率的四到六倍。

3. 绝缘电阻测量

动力电路、照明电路和电气安全装置电路的绝缘电阻应符合表1-8的要求。

表1-8 动力电路、照明电路和电气安全装置电路的绝缘电阻对照表

标称电压/V	测试电压(直流)/V	绝缘电阻/MΩ
安全电压	250	≥0.25
≤500	500	≥1.00
>500	1 000	≥1.00

应在被测装置与电源隔离的条件下,在电路的电源进线端对绝缘电阻进行测量。如果电路中包含电子装置,测量时应将相导体和中性导体串联,然后测量其对地的绝缘电阻,以确保不对电子器件产生过高的电压,防止其被击穿而损坏。由于断电时接触器或继电器的触点处于断开状态,导致控制柜内的部分测量端子被隔离,因此测量时要人为使安全回路及门锁回路的接触器闭合。

测量前,应检查仪表接地端对地的连通性。先确定接地端与金属结构通零,再将兆欧表的一个表笔(一般为E端)固定在接地端,用另一个表笔(一般为L端)进行测量。

对于动力电路,应测量其电动机绕组,如果电动机绕组不易测量,可测量与其直接连通的热继电器或超载保护器输出端子。

注意,使用绝缘电阻表时,其表针带有高压,应避免触及表针,防止受伤,特别是在高处进行绝缘电阻测量时。测量完毕,必须检查被测装置是否已恢复原状。

电气线路接线与检查

步骤1　主回路接线与检查

三相五线制，电压 AC 380 V（允许波动范围应在 ±7% 以内），按照电缆线和端子的标签顺序 R、S、T、N、G，如图 1-35 所示，将电缆线插入端子，然后拧紧螺栓。

图 1-35　动力线进线

步骤2　照明回路接线与检查

单相电压 AC 220 V，按照电缆线和端子的标签顺序 L、N、PE，将电缆线插入端子，然后拧紧螺栓。

步骤3　断错相保护功能检查

接通各路电源，检查是否能用钥匙开关按预定方向启动。

步骤4　维修空间检查

机房、驱动站和转向站只允许放置自动扶梯或自动人行道运行、维修和检查所必需的设备。对于能有效防止意外事故的火灾报警器、灭火设备、喷洒头等消防器具，如果不会对维修作业产生附加风险，则可放置在上述空间内。

在机房应具有一个没有任何永久固定设备、站立面积足够大的空间，站立面积应至少为 0.3 m²，其较小一边的长度应不小于 0.5 m。

步骤 5　转动部件防护装置的检查

对于易接近或者对人体有危险的转动部件,应设置有效的防护装置,特别是必须在内部进行维修工作的驱动站或者转向站的梯级和踏板转向部件,如图 1-36 所示。

图 1-36　转动部件防护装置

思　考　题

1. 简述检修运行调试的准备工作。
2. 简述土建布置图复核的主要内容。
3. 简述安全钳安装调试的操作步骤。
4. 简述门刀的安装与调整要求。
5. 简述自动扶梯扶手带张紧程度的调节方法。

职业模块 ❷
诊断修理

内容结构图

- 诊断修理
  - 机房设备诊断修理
    - 有机房电梯主机及其相关部件诊断修理
    - 电梯运行振动诊断调整
    - 控制柜部件诊断修理
    - 有机房电梯制动器及其附件诊断修理
    - 有机房电梯主机油封和轴承诊断修理
  - 井道设备诊断修理
    - 有机房电梯补偿链和补偿缆诊断修理
    - 有机房电梯随行电缆诊断修理
    - 有机房电梯对重轮诊断修理
    - 层门门扇诊断修理
    - 层门悬挂装置诊断修理
    - 层门地坎诊断修理
  - 轿厢对重设备诊断修理
    - 轿厢重要部件诊断修理
    - 轿厢称重装置诊断修理
  - 自动扶梯设备诊断修理
    - 扶手带驱动装置和扶手带诊断修理
    - 驱动链条诊断修理
    - 驱动主机诊断修理
    - 制动器诊断修理
    - 主驱动轴和链轮诊断修理
    - 附加制动器诊断修理
    - 运行速度和抖动诊断调整

培训项目 1 机房设备诊断修理

培训单元1　有机房电梯主机及其相关部件诊断修理

熟悉主机、曳引轮、导向轮的工作原理和调整、更换要求

能够根据施工场地情况、主机结构、主机质量、曳引方式等确定更换或调整有机房电梯主机、曳引轮、导向轮的施工工艺

一、电梯曳引机的组成部分

1. 电动机

无齿轮主机一般采用永磁同步电动机。该电动机转矩大、转速稳定，制动轮、曳引轮、编码器安装在电动机轴上。无齿轮电梯主机如图 2-1 所示。

有齿轮主机一般采用交流笼型异步电动机。该电动机转速较大，通过减速箱降低转速、提高转矩。有齿轮电梯主机如图 2-2 所示。

2. 制动器

电梯制动器应为常闭式的，不允许采用液压制动器、气动制动器、磁力制动器。制动器利用制动闸瓦与制动轮间的摩擦力作为制动力。制动闸瓦应作用于电

电梯安装维修工（高级）

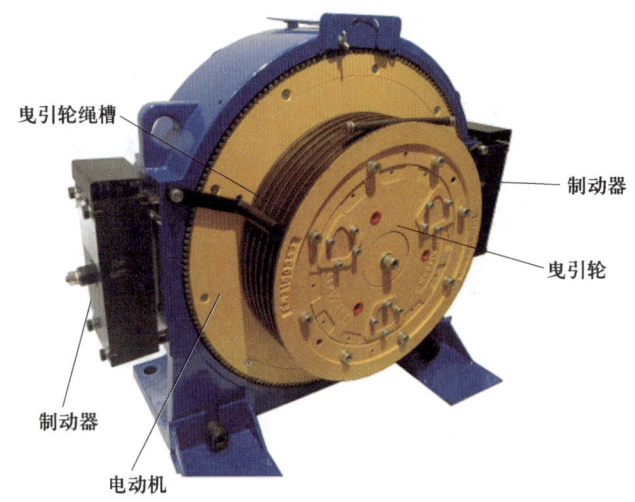

图 2-1　无齿轮电梯主机

图 2-2　有齿轮电梯主机

动机轴的一侧，而制动器不应对制动轴产生径向力。因此，沿主机主轴轴对称设置的两个制动器动作、制动力应一致。

3. 减速箱

有齿轮主机减速箱一般采用蜗轮蜗杆结构。使用时间较长、润滑油不足、润滑油质量降低而未及时更换等原因均会导致蜗轮蜗杆、齿轮啮合不足，使轮齿间隙增大引发窜动故障，因而使用时应注意维护保养。

二、曳引力

对于曳引驱动电梯来说，曳引力要符合以下两点要求：一是当对重压实缓冲器时，曳引轮向轿厢上行方向旋转，不能提起空载轿厢；二是当轿厢内均匀装有 125% 额定载重量的重物时，曳引绳不打滑。

一般情况下，电梯厂家都努力提高曳引绳的最大允许曳引力。一般通过增加曳引轮与曳引绳的包角来提高曳引力，如加大曳引轮与导向轮的高度差、采用复绕式的曳引方式、加大曳引轮绳槽的开口角等。

三、曳引轮绳槽的类型

三种不同的曳引轮绳槽截面如图 2-3 所示。

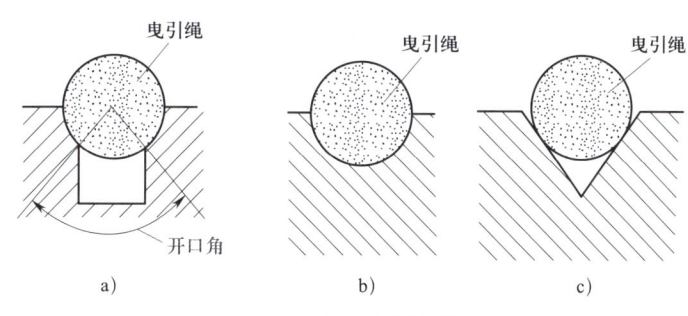

图 2-3 曳引轮绳槽截面
a) 半圆加切口形 b) 半圆形 c) V 形

1. 半圆加切口形曳引轮绳槽

这种曳引轮绳槽的开口角越大，曳引轮越大，绳槽磨损越快，使用寿命越短。当制造工艺导致曳引轮用料不均匀、曳引绳张力不均匀时，易导致绳槽磨损程度不均匀。绳槽磨损程度差异较大时会加速磨损。

2. 半圆形曳引轮绳槽

这种曳引轮绳槽一般采用复绕式的曳引方式，具有大于 360° 的包角，能产生足够大的曳引力，且不易磨损。

3. V 形曳引轮绳槽

这种曳引轮绳槽一般不使用，因为随着绳槽磨损加剧，其开口角变小，产生的曳引力变小，即无法长时间保持稳定的曳引力。

四、导向轮的作用

电梯主机侧的导向轮有两个作用：一是改变曳引绳的曳引方向，使曳引绳保持垂直状态，如图 2-4 所示，使轿厢、对重对导轨的压力降低，提高运行质量；二是改变曳引绳在曳引轮上的包角。

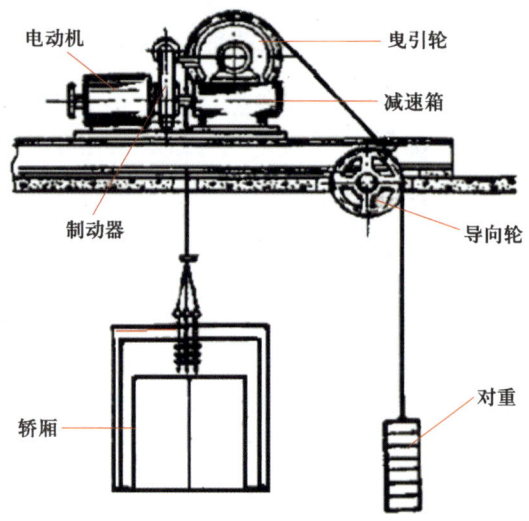

图 2-4 曳引驱动乘客电梯驱动示意

更换有机房电梯的主机、曳引轮和导向轮

操作准备

1. 核实起吊部件重量，检查起吊设备。起吊设备应有起吊重量标志，且在有效检验期内；起吊设备的最大允许起吊重量应大于待起吊部件重量。应有独立的两个起吊设备，其中一个作为备用。

2. 应备有量程合适的扭力扳手，以对关键螺栓进行紧固。

3. 应备有足够的牵引绳、吊带、安全工具、防快口切割的保护物料等。

4. 应在施工区域布置适当的安全防护装置。

操作步骤

步骤1 起吊轿厢或对重

（1）更换不同型号、不同规格的主机时，往往需要重新定位主机承重工字钢，因此不能利用承重工字钢起吊轿厢或对重，可在承重墙体上安装承重梁起吊轿厢或对重。

（2）更换同型号、同规格的主机、曳引轮、导向轮时，一般分以下两种情况起吊轿厢。

1）当轿厢有安全窗时，可充分利用安全窗起吊轿厢。

①电梯紧急电动运行，使对重压实缓冲器，切断主电源，挂牌上锁，验电。

②将两根吊带分别挂在工字钢上后放入井道，施工人员从安全窗进入轿顶，将两个手拉葫芦分别挂在两根吊带上，再用另外两根吊带分别将两个手拉葫芦连接到轿顶横梁上。

③在机房对重侧固定曳引绳，避免起吊轿厢后松开的曳引绳滑落至对重侧井道。

④将曳引绳从曳引轮上移除，释放手拉葫芦到适当位置，手动使限速器动作；继续释放手拉葫芦，检查轿厢安全钳动作情况。如果手拉葫芦链条松动，则说明轿厢重量主要由安全钳承受。

⑤轿顶的施工人员在轿顶打开顶层层门离开井道，或通过安全窗经轿厢离开井道。

2）如果轿厢无安全窗，由于施工过程中不能让施工人员留在轿顶，因此，起吊轿厢前应将轿厢停在便于施工人员进出轿顶的高度。

①使电梯运行到顶层，从机房承重工字钢上放下两根吊带，并在吊带上各挂一个手拉葫芦。

②使电梯下行，分段安装对重支撑工具；切断主电源，挂牌上锁，验电。

③另取吊带连接轿顶横梁和手拉葫芦，固定对重侧的曳引绳。

④起吊轿厢，移开主机上的曳引绳。

⑤释放手拉葫芦到合适的位置，手动使限速器动作；继续释放手拉葫芦，使轿厢重量主要由安全钳承受；将曳引绳放在主机承重梁上，如图2-5所示。

（3）如果有专用夹绳装置，则无须支撑对重，在曳引轮对重侧固定曳引绳，直接起吊对重即可，如图2-6所示。

图2-5　将曳引绳放在主机承重梁上

图2-6　用专用夹绳装置起吊对重

步骤2　更换主机、曳引轮和导向轮

（1）更换主机

1）在主机底座上画线做记号。

2）拆除旧主机的固定螺栓，利用机房吊钩起吊、移除旧主机，再利用机房吊钩起吊、移进新主机。

3）根据记号安装新主机并调整位置。

（2）更换曳引轮

1）拆除旧曳引轮的固定螺栓，利用机房吊钩起吊、移除旧曳引轮。

2）根据曳引轮的紧固方式和结构，采用有针对性的更换施工方案。

3）更换后调整新曳引轮位置，使到轿顶的曳引绳保持垂直状态。

（3）更换导向轮

1）拆除旧导向轮。

2）利用机房吊钩起吊、移除旧导向轮。

3）安装新导向轮。

4）调整新导向轮位置，使到对重的曳引绳保持垂直状态。

步骤3　恢复电梯的运行服务

（1）起吊轿厢。

（2）将曳引绳依次放置在曳引轮绳槽中。

（3）复位限速器及安全钳开关。

（4）如果使用了专用夹绳装置固定曳引绳，则需要将其拆除。

（5）电梯上电，检查、调整制动器。

（6）使电梯下行，拆除对重支撑工具（如有），复位缓冲器开关。

（7）电梯检修试运行，若无异常，按正常速度试运行。

（8）拆除安全防护装置，检查工具，电梯交付使用。

注意事项

1. 如果需要维修的电梯采用双通井道，那么必须停止另一台电梯的对外服务。

2. 应保证任何有可能使起吊工具断裂的快口都有防快口保护。

3. 起吊和释放手拉葫芦的操作应在厅外进行。

4. 在井道内作业时如果有坠落风险，应在施工前设置防坠落保护装置。

5. 在施工过程中，所有现场人员必须保持有效的沟通。

6. 不允许在井道内的不同高度同时进行独立的、不相关的上下交叉作业。

培训单元 2　电梯运行振动诊断调整

熟悉引起电梯振动的机械因素和电气因素
能够通过修改参数调整电梯运行振动

一、机械因素及其处理

1. 垂直振动

（1）主机机械因素导致电梯运行速度发生高频变化，这种速度变化沿钢丝绳传递到轿厢，就引起轿厢的垂直振动。主机机械因素主要是指制动器不能彻底打开、传动轴同轴度超差、联轴器松动、轴承损坏等，应找到根源后进行调整或更换部件予以修复。

（2）如果轿厢导靴与导轨的间隙太小，当轿厢导靴与导轨之间的摩擦力在滑动摩擦与静摩擦之间转换时，会引起轿厢的垂直振动。可通过调整轿厢导靴与导轨的间隙、导轨平面度予以解决。

（3）导轨接头存在台阶会引起轿厢的垂直振动。可采用锉刀或其他合适的刀具进行修光，修光长度应不小于 150 mm。注意：不可过度修光，避免由于导轨厚度不足而导致安全钳制动失效；不可采用角向砂轮机加工，避免加工过度。

2. 水平振动

（1）由于导轨不平直，电梯运行时导靴撞击导轨，引起电梯的水平振动。可通过线坠对导轨平直度进行调整。

（2）导轨接头存在台阶也会引起轿厢的水平振动。处理方法同上。

二、电气因素及其处理

电气因素主要体现在电气驱动方面，涉及电动机、变频器等装置。电动机损坏、驱动装置调节得不合理都会导致电动机转速不均匀，引起轿厢的垂直振动。

处理方法主要有两种。一是更换损坏的设备；二是调整参数，如使变频器与电动机相匹配，即将已知的电动机参数输入变频器，通过变频器自学习功能修改变频器参数。对于能够进行整机全行程快速运行自学习的高档电梯，可通过自学习使变频器不仅与电动机有良好的匹配性，而且能更好地匹配整机的运行特性，从而保证电梯运行顺畅、平稳，提高电梯的运行效率。

三、振动量要求

1. 电梯的运行振动大小采用瞬时加速度来衡量，一般以 A95 的大小来衡量。A95 是指在定义的界限范围内，95% 采样数据的加速度或振动值小于或等于的值。

2. 乘客电梯轿厢运行在恒加速度区域内的垂直振动的最大峰峰值应不大于 0.3 m/s^2，A95 峰峰值应不大于 0.2 m/s^2。

3. 乘客电梯轿厢运行期间水平振动的最大峰峰值应不大于 0.2 m/s^2，A95 峰峰值应不大于 0.15 m/s^2。

技能要求

通过修改参数调整电梯运行振动

操作准备
在电梯基站、轿厢内设置警示标志和防护栏。

操作步骤

步骤1 检查电梯的振动情况
（1）乘坐电梯全程上下运行，检查电梯运行时的振动情况。

（2）使电梯快车运行，在机房主机侧感受其振动情况。此时无须乘坐电梯，应切断电梯的响应外呼功能和自动开门功能。

（3）区分出轿厢的垂直振动。

步骤2 分析振动源
（1）判断轿厢的垂直振动是否由主机机械因素引起。

（2）如果轿厢的垂直振动不是由主机机械因素引起的，则判断是否由电动机引起。

（3）如果不能判断振动源，建议使用振动检测仪进行判断。

（4）初步判断出振动源来自电力驱动系统。如果电梯运行时垂直振动是常态，即上行与下行、到达高楼层与低楼层、高速运行与低速运行时都存在，且到达高楼层、高速运行时振动较大，则可以确定轿厢的垂直振动是由曳引电动机振动引起的。

步骤 3　通过修改参数降低振动程度

（1）准备工作。测量电梯主电源电压，确认其在正常范围内；确认变频器输入线路接触良好，变频器输出到电动机的线路连接可靠；确认电动机绕组绝缘良好；测量三相绕组阻值，确认阻值平衡且大小合适。使电梯处于空载状态，在井道上部打开制动器盘车，确认无明显卡阻现象或异常声响。

（2）参考变频器操作手册，检查变频器中输入的电动机参数和电梯运行参数，修改不合理的参数。

（3）乘坐电梯，检查振动情况。

（4）根据电梯在加速过程、减速过程、快速运行过程、爬行过程、单层运行过程、多层运行过程中振动时的运行速度，选择有针对性的 P 值、I 值参数。

（5）记录原始 P 值、I 值，不断更改 P 值、I 值并记录，直到振动消除。

步骤 4　复位电梯

（1）复位响应外呼功能和自动开门功能。

（2）乘坐电梯全程上下运行，确认电梯无振动现象。

（3）移除电梯警示标志和防护栏，电梯交付使用。

注意事项

1. 严禁在轿顶自动状态下运行电梯。

2. 在机房，不应在拆除曳引轮防护罩后接近处于快车运行状态的曳引机。

3. 在电梯快车运行时观察主机，应与曳引轮、导向轮等旋转部件保持足够的安全距离，应避免滑倒、卷入等伤害。

4. 避免采用溜车的方法判断振动源。

5. 更改参数时应随时记录参数，便于复原。

6. 不应在电梯运行时更改参数。

7. 可按照"先解决机械问题后解决电气驱动问题""先解决井道问题后解决主机问题"的原则消除振动。

培训单元3 控制柜部件诊断修理

能够对控制柜部件的故障进行诊断修理

一、电梯不能启动的故障

1. 安全回路故障

安全回路是指串联电梯安全保护元件的回路。安全回路的导通是电梯启动的必要条件。一般情况下,电梯安全回路是否导通可以通过电梯控制主板的指示灯进行判断。

门锁回路是安全回路的一部分,一般会单独检查其通断性。门锁回路是检测层门(包括从动层门)、轿门是否彻底关闭的回路。当电梯运行到指定楼层开门时,门锁回路断开;当所有层门、轿门关闭时,门锁回路导通。一般情况下,电梯的门锁回路是否导通可以通过电梯控制主板的指示灯进行判断。安全回路、门锁回路在控制主板上的指示灯如图2-7所示。

图2-7 安全回路、门锁回路指示灯

2. 动力驱动故障

（1）电动机绕组断路或短路。

（2）变频器制动电阻断路。

（3）电动机绕组接地电阻减小。

（4）电动机相间短路。

（5）制动器打不开或主机发生机械卡阻。

3. 其他故障

（1）外部条件检测错误，如制动器检测开关失效、制动器打不开。

（2）驱动系统（变频器）输出被切断，不能输出，如变频器与电动机之间的接触器主触点发生故障、接触器发生反馈故障。

（3）驱动系统（变频器）输入速度为零，制动器打开后不能运行，持续保持该状态。

（4）控制主板损坏或保护元件动作，没有速度信号输出到驱动系统（变频器）。

（5）驱动系统（变频器）损坏或保护元件动作，没有动力输出。

二、电梯运行速度异常的故障

1. 速度不可控，飞车

当电梯采用直流电压反馈的速度控制方式时，电动机的转速越高，由电动机带动的直流发电机输出的直流电压越高。当电动机转速达到设定值时，由直流发电机反馈到驱动装置的直流电压达到设定值，电梯以稳定的额定速度运行。如果直流发电机反馈到驱动装置的直流电极性是错误的，那么无论电动机转速如何变化，驱动装置通过直流电压检测到的电动机转速都达不到设定值，电动机转速直接加到最大，造成飞车。

对于由同步电动机驱动的电梯来说，如果同步角偏差过大，电梯空载上行时电动机转矩急剧减小，转速急剧增大，也会造成飞车。

2. 速度较低，速度不可调

对于大多数变频驱动电梯来说，当变频器与电动机的接地线失效，使变频器外壳与电动机外壳电位不相等，导致变频器 IGBT（绝缘栅双极型晶体管）触发异常、逆变失败时，电梯就会出现速度较低且不可调的现象。

3. 速度不稳定，运行振动

当速度反馈装置发生故障导致反馈信息不稳定时，电动机输出频率、输出电压、输出电流也不稳定，从而导致电梯运行速度不稳定并伴有振动，这种振动可能引发共振。

控制柜部件故障诊断修理

操作步骤

步骤1　分析故障现象

（1）与使用者沟通，了解电梯故障发生时的具体情况，包括故障发生时的运行方向、所在楼层、乘客人数（载重量）、故障现象等。如果故障是多次发生的，要寻找其共性。

（2）在基站设置警示标志和防护栏，在轿内（如果可以进入轿厢）设置警示标志和防护栏。

（3）电梯转慢车状态，观察电梯控制主板的指示灯，确认门锁回路、安全回路正常。

（4）慢车试运行，如果电梯不能启动，应观察故障现象；如果电梯慢车试运行无异常，无故障现象，则应考虑快车试运行。

（5）打开控制柜，切断电梯自动开门功能和响应外呼功能。

（6）电梯全程快车试运行，观察电梯故障现象。

步骤2　诊断故障根源并进行修理

（1）通过观察确认电梯故障现象，如不能启动、启动后立即停车、运行一段距离后减速停车、运行一段距离后立即停车、运行中噪声或振动程度偏大等。

（2）根据故障现象判断故障所在的系统，如驱动系统、驱动反馈系统、驱动信号系统、控制柜内部电气部件检测系统等。

（3）通过电梯控制主板功能指示灯以及故障登记信息，结合故障现象，按如下顺序逐一排除：电源、接地故障，井道电缆线反馈到控制柜的信息错误导致的故障，轿厢反馈信息错误导致的故障，机房内其他部件的错误反馈导致的故障。

（4）确认故障根源在控制柜后（本技能要求设定故障根源在控制柜），根据电力驱动原理和电梯控制原理，结合故障现象逐步缩小可能发生故障的范围，最后确认故障点。

（5）调节电气控制元器件，或修改电梯控制主板或变频器参数，或更换损坏的电气部件。

步骤3 测试

（1）电梯慢车试运行，观察电梯运行状况。

（2）电梯快车试运行，观察电梯运行状况。

（3）对于偶发故障，为了确保故障已经被彻底修复，还应反复模拟引发故障的原因，重复试运行，根据运行结果判断故障是否被彻底修复。

步骤4 恢复电梯的运行服务

（1）如果在修理过程中屏蔽了部分功能，应对其进行恢复。

（2）如果在修理过程中安装了短接线，应再次检查，确认已拆除。

（3）移除警示标志和防护栏。

（4）检查工具，电梯交付使用。

注意事项

1. 除非必须带电操作（如测量电压），否则应切断电源后操作。
2. 更换新电气控制元件前，应先确认其电气参数与控制柜是匹配的。
3. 当井道位置信息、变频器参数等发生变化后，应完成相关自学习。
4. 可以不使用短接完成操作的一律不予短接。

培训单元4 有机房电梯制动器及其附件诊断修理

能够对制动器进行更换

制动器及其附件在电梯的安全运行中起重要作用。制动器失效会导致电梯失控溜车，造成安全事故。当制动器及其附件出现故障需要更换时，应严格按照安全操作规程进行操作，否则会导致电梯设备损坏，甚至会导致人员伤亡。

电梯制动器的使用要求如下。

一、电梯制动器应安装于电动机轴的一侧

当电梯采用有齿轮主机时，高速旋转的电动机经齿轮箱减速后，由高速低转矩转变为低速高转矩。当电梯溜车时，曳引轮侧的低速高转矩转变为电动机侧的高速低转矩。因此，制动器安装于电动机轴的一侧能保证足够的制动力和足够的制动稳定性。

二、电梯制动器动作后，制动力不应对制动轮轴产生径向力

如果电梯处于制动状态且电动机在旋转时处于典型的疲劳试验状态，那么电动机轴就容易损坏，且径向力使电动机轴产生同轴度误差，可能造成电动机轴的永久疲劳损伤。同时，电动机轴的同轴度误差会引起电梯周期性的垂直振动。

三、不应使用气动力、液压力、磁力等作为电梯制动器的制动力

电梯制动器是常闭式的，即无外力干预时制动器处于制动状态。电梯制动器的制动力应由重砣或弹簧产生，该制动力应是持续的、不易自动消失的。

四、电梯制动器应至少分两组装设

当一侧制动器的制动闸瓦失效时，另一侧制动器能让装有额定载重量的轿厢减速下行。两侧制动器的制动器线圈应是独立的，当一侧制动器失效时不会导致另一侧制动器也失效。

更换有机房电梯的制动器

操作准备

1. 在电梯基站、顶层层门口、轿厢内设置警示标志和防护栏，确认轿厢内无乘客。
2. 到机房将电梯运行到顶层，并调至紧急电动运行状态。

3. 使电梯点动上行,直到对重压实缓冲器。

4. 切断电梯主电源,挂警示牌上锁,验电。

5. 一人盘车,一人手动打开制动器,如图2-8所示,感受在制动器释放状态下空载向上或向下盘车时所需的扭力都为零,再次确认对重压实缓冲器。

图2-8 一人盘车,一人手动打开制动器

操作步骤

步骤1 更换及调整制动器

(1)查阅电梯电气原理图,确认电梯制动器和主机的相关导线功能,必要时一一标记。

(2)拆除制动器导线,包括制动器线圈导线、制动器反馈开关导线;拆除可能影响更换制动器操作的电动机输入动力线、电动机过热保护输入线、盘车保护开关导线。

(3)测量制动器弹簧的长度并记录,如图2-9所示。在更换新的制动器后对制动器弹簧进行调整,并在相同位置测量,测量长度应不大于记录长度,以防止制动力不足。

图2-9 测量制动器弹簧的长度

（4）拆除制动器弹簧，如图 2-10 所示，松开制动臂；同时对制动臂和制动闸瓦进行检查，制动臂销轴应无卡阻现象，制动闸瓦状态应无异常，如图 2-11 所示。

图 2-10　拆除制动器弹簧

图 2-11　检查制动闸瓦和制动臂销轴

（5）拆除制动器线圈。

（6）清理制动器安装位置。

（7）安装新的制动器。按照标记进行接线，保证与原来一致，不接错、不改变电动机输入相位、不改变直流电接线柱的极性。

（8）调整制动器，确保制动器间隙符合设计要求：压紧制动闸瓦后盘车，查看制动闸瓦与制动轮接触面积，应不小于制动闸瓦总面积的 70%；使用塞尺测量两侧制动器间隙，应一致；制动臂销轴应灵活；制动器线圈应干净，动作灵活；制动闸瓦四角间隙平均值应不大于 0.7 mm；两侧制动器弹簧长度应一致，且不大于记录值；制动器反馈开关有效。

步骤 2　测试制动力

（1）电梯上电，将电梯向下慢车运行到顶层平层区以下。

（2）上下慢车试运行，观察制动器的动作情况：制动器应动作灵活，无卡阻现象；打开、释放制动器时应无噪声。

（3）切断电梯主电源，挂牌上锁。

（4）将空载轿厢向上行方向盘车。

（5）在曳引绳上做标记，上电，当电梯以一定速度慢车上行时突然停车，测量、计算制动器的滑移距离（曳引绳应不滑移），确保制动器滑移距离不明显。

（6）如果需要进一步确保制动器制动力的可靠性，还需完成以下检查。

1）在底层，当轿厢承载 125% 的额定载重量（装砝码）时，观察曳引绳在曳引轮上是否打滑；在 10 min 内，制动闸瓦滑移导致轿厢滑移的距离应不大于 100 mm。

2）检查轿厢、对重侧导靴和安全钳，应完好无损。

3）将 125% 额定载重量的砝码分两次运到顶层，将砝码均匀放入轿厢，使电梯以额定速度下行，切断电梯电源，电梯减速下行并停止。注意，应避免电梯猛烈停车，否则需要检测制动器的平均减速度最大值，此值不得大于轿厢撞击缓冲器时的平均减速度。

步骤 3　恢复电梯运行

（1）将电梯运行到合适位置，安全地进入底坑，复位对重缓冲器开关。
（2）安全地进入轿顶，检查复位轿顶安全钳开关。
（3）电梯快车试运行无异常。
（4）检查工具，移除警示标志和防护栏。
（5）电梯交付使用。

注意事项

1. 制动闸瓦表面不可有任何油污。
2. 搬运砝码时，接近轿厢额定载重量时搬运人员不可进入轿厢。
3. 更换制动器时，必须将电梯运行到顶层后再操作。

培训单元 5　有机房电梯主机油封和轴承诊断修理

掌握更换油封和轴承的准备工作内容
能够按要求对油封和轴承进行更换

有齿轮电梯主机减速箱加注润滑油后方可投入使用，减速箱蜗轮轴及蜗杆输

出轴一般采用轴承或铜套固定。减速箱的油面低于轴孔,但电梯运行时润滑油可能从轴孔漏出。为了防止润滑油沿输出轴漏出,在减速箱的输出轴外侧应加装油封,以防止减速箱漏油。油封漏油比较容易发现和判断,应对油量勤加检查,防止减速箱干磨导致蜗轮副快速损坏。

一、更换油封和轴承的准备工作

1. 更换油封的准备工作

根据主机结构和漏油位置,有些油封需要在无负载条件下进行更换,而有些油封可以在有负载条件下进行更换。无论何种情况,一律将电梯运行到顶楼,以方便施工人员进出轿顶。如果需要在无负载条件下更换油封,应支撑对重、起吊轿厢后再进行操作。

2. 更换轴承的准备工作

主机轴承缺少润滑油时会加速磨损,导致电梯运行期间产生噪声、振动,此时需要更换轴承。一般需要在主机无负载的条件下更换轴承;有时,当电梯曳引轮处于无外加扭力的状态时也可以更换轴承,在这种情况下只需使对重压实缓冲器就可以更换轴承了。

二、更换油封和轴承

1. 更换油封

应先放净电梯减速箱中的润滑油,如果需要移动蜗杆轴或蜗轮轴,必须移除曳引轮上的曳引绳或曳引钢带;拆除旧的油封,同时分析漏油原因,便于在更换新油封时排除漏油因素;清理油污,涂上密封胶水,在密封胶水凝固前安装新油封,用木槌轻轻敲打使密封可靠,再安装其他部件,复位电梯。

2. 更换轴承

应根据主机结构、轴承位置确定更换方案。更换曳引轮轴上的轴承时,应移除曳引轮上的曳引绳或曳引钢带;更换电动机轴上的轴承时,一般无须移除曳引轮上的曳引绳或曳引钢带,但需要保证曳引轮上无扭力负载。对于初次更换的主机类型,因为不熟悉或可能存在不可预见的问题,建议移除曳引轮上的曳引绳或曳引钢带。

职业模块 2　诊断修理

更换有机房电梯主机轴承

操作准备

1. 将电梯运行到顶楼。

2. 通过对讲机确认轿厢内无乘客,电梯转检修状态;切断主电源,挂牌上锁,切断备用电源、轿厢电源和照明电源;手动松开制动器,使对重缓慢压实缓冲器。

3. 如果机房有紧急电动运行功能,向上试运行电梯,使对重压实缓冲器,切断主电源,挂牌上锁;打开制动器,再次确认对重压实缓冲器,曳引轮不会自主旋转。

操作步骤

步骤 1　更换轴承

(1) 记录主机接线标记,拆除主机动力线及控制线,如图 2-12 所示。

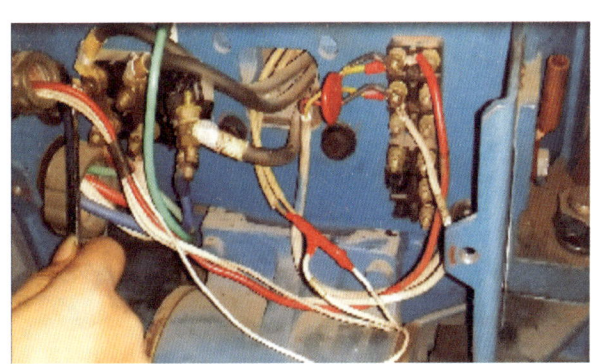

图 2-12　拆除主机动力线及控制线

(2) 拆除电动机外罩(见图 2-13);拆除制动器;拆除编码器(见图 2-14),注意拆除时禁止敲打,放置时应轻放;拆除主机飞轮(见图 2-15)。

(3) 在机房吊钩上挂好手拉葫芦,将手拉葫芦吊钩与电动机定子用吊带可靠连接,收紧手拉葫芦,起吊并移除电动机定子,如图 2-16 所示。注意,移除电动机定子时应确保电动机线圈不受损,并将其移至机房合适的位置予以保护,避免施工期间电动机线圈(定子)受损。

81

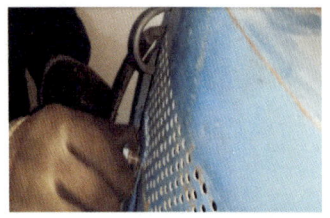  

图 2-13　拆除电动机外罩　　图 2-14　拆除编码器　　图 2-15　拆除主机飞轮

（4）沿电动机轴向上提起电动机转子并拆除，如图 2-17 所示。

a)　　　　　　　　　b)

图 2-16　移除电动机定子　　图 2-17　拆除电动机转子
a）拆除前　b）拆除后

（5）沿电动机轴拆除制动轮，注意制动轮的上下方向，制动轮、键与轮轴应配合紧密不松动，否则需要有合理的装配方案。

（6）在侧面轻轻敲打轮轴，小心取出其中的键。

（7）松开电动机底座的螺栓，取出轴承盖，如图 2-18 所示。注意轴承盖的上下方向。

（8）将盘车手轮安装到蜗杆上，轻轻地左右转动盘车手轮，提起蜗杆，如图 2-19 所示，待蜗杆上的润滑油流进减速箱后取出蜗杆。

（9）将蜗杆取出后置于地面，注意应避免残油污染地面；拆下盘车手轮，将蜗杆朝上，向下敲打轴承（建议使用专用工具取下轴承，若无专用工具，必须确保敲打轴承时不损伤蜗杆轴，确保蜗杆轴不变形、不承受较大的径向力）；清理蜗杆轴并注润滑油，将新轴承轻轻安装到蜗杆轴上，如图 2-20 所示。

图 2-18　取出轴承盖

图 2-19 提起蜗杆

图 2-20 更换轴承

（10）通过左右旋转蜗杆轴，将蜗杆安装到减速箱内，再将盘车手轮安装到蜗杆上；左右转动盘车手轮，直到蜗杆与盘车手轮边缘平齐，如图 2-21 所示。

（11）依次装配轴承盖、制动轮、电动机转子、电动机定子、主机飞轮、编码器、制动器等部件，接通各功能线，安装电动机外罩。

图 2-21 装配蜗杆

步骤 2　复位电梯

（1）确认接线无误，确认所有部件装配完毕。

（2）如果机房无紧急电动运行按钮，将轿厢盘车到顶楼平层区；如果机房有紧急电动运行按钮，接通主电源，点动慢车下行到平层区。

（3）复位接通安全回路，机房检修下行试运行无异常。

（4）电梯正常速度试运行无异常。

步骤 3　交付使用

（1）检查工具。

（2）移除警示标志和防护栏。

（3）电梯交付使用。

注意事项

1. 打开制动器，应确认电梯轿厢不能移动后才可以施工。

2. 拆除较重的部件时应采用起吊的方法。

3. 主机轴承更换完毕，应确保接线正确后才可以上电。

4. 拆除轴承时应确保蜗杆轴表面不被敲打，无损伤。

5. 拆除部件时应记录部件安装位置，待安装时确保不错装、不少装、不多装。

6. 应根据主机结构判断拆除主机前是否需要放干润滑油。

培训项目 2 井道设备诊断修理

培训单元 1　有机房电梯补偿链和补偿缆诊断修理

能够对补偿链或补偿缆进行更换

一、补偿链和补偿缆的结构和特点

补偿链是铁质链条外包裹一层薄橡胶或薄塑料，其截面与链条截面形状相似，如图 2-22a 所示；而补偿缆是铁质链条外包裹一层表面光滑的截面为圆形的厚橡胶，如图 2-22b 所示。因此，与补偿链相比，补偿缆的柔韧性、下垂性更好，且不易与井道内部件刮擦，在电梯运行时也不易跳动。补偿缆价格较高，一般补偿缆用于额定速度较高或配置要求较高的电梯。

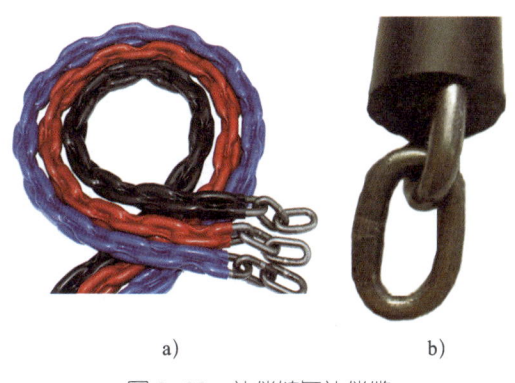

图 2-22　补偿链与补偿缆
a）补偿链　b）补偿缆

二、补偿链和补偿缆的作用

在轿厢和对重重量不变的前提下,由于曳引绳自重的原因,曳引轮两侧的曳引绳长度不同,导致曳引轮两侧张力不同,存在张力差。张力差随着电梯提升高度的增加而改变,易导致电梯启动时轿厢瞬时移动。当提升高度超过一定值时,曳引力不足还会导致曳引失败。因此,当电梯达到一定提升高度时,需要安装补偿装置,一般采用补偿链或补偿缆。当电梯运行速度较快时,使用补偿缆代替补偿链可以有效消除振动,提高电梯运行质量。

无论电梯轿厢在高楼层还是在低楼层,补偿链或补偿缆与随行电缆一起部分或全部补偿曳引绳的重力差,如图2-23所示。单位长度的补偿链重量与单位长度的随行电缆重量之和应不大于轿厢移动单位长度时曳引绳的重量,否则会产生补偿过量的问题。

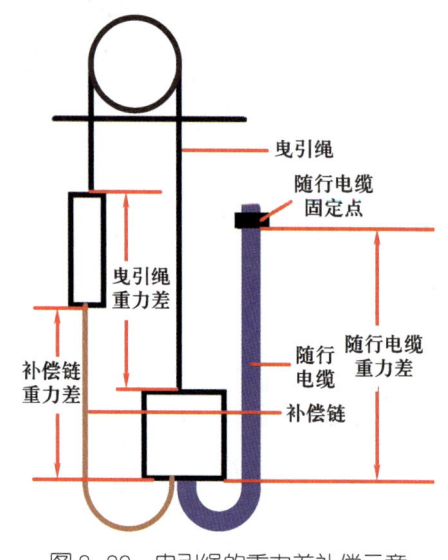

图2-23 曳引绳的重力差补偿示意

三、更换补偿链或补偿缆的施工工艺要求

更换补偿链的操作一般需要两个施工人员配合,一人在轿顶一人在底坑。

拆除补偿链时,一般不会在轿厢与对重两侧同时进行。当拆除一侧时,运行电梯使另一侧到达底层。为了安全起见,一般先拆除对重侧补偿链,再拆除轿厢侧补偿链。当电梯提升高度特别高时,应先完全拆除一根补偿链后再拆除另一根,不允许同时拆除一侧的所有补偿链。当单根补偿链重量接近电梯额定载重量时,建议在中间楼层逐根拆除补偿链,也可以在一侧拆除一根旧补偿链的同时安装一根新补偿链,或依据曳引力公式计算结果制订拆除补偿链的方案。

更换电梯补偿链

操作准备

1. 在电梯底层、基站、顶层层门口设置警示标志和防护栏，在电梯轿厢内设置警示标志和防护栏。

2. 与电梯使用单位进行沟通，确定电梯停止使用的时间段，并由使用单位发出通知。

操作步骤

步骤1 更换补偿链

（1）电梯快车运行到顶层。

（2）确认电梯轿厢内无乘客，将电梯调至检修状态，使电梯下行约50 cm。

（3）一名施工人员打开底层层门，在不大于10 cm的门缝中观察，对重底部应位于缓冲器顶部上方附近。

（4）一名施工人员在机房切断主电源，挂牌上锁。

（5）底层施工人员安全地进入底坑，拆除部分对重防护栏；将新的补偿链移入底坑一侧，留出堆放旧补偿链的区域，该区域应在对重侧补偿链固定点的正下方；拆除对重侧的一根补偿链，将新补偿链的一端固定到对重挂吊点；安全地离开底坑来到底层。

（6）机房的施工人员短接层门门锁回路，使主电源上电。

（7）底层的施工人员再次打开底层层门，在不大于10 cm的门缝中观察底坑新旧补偿链状况，发现问题及时联系机房的施工人员。

（8）机房的施工人员控制电梯检修下行，使旧补偿链逐步堆放到底坑，新补偿链随着对重被提拉到井道上部，如图2-24所示。由于新补偿链与旧补偿链、新旧补偿链与底坑部件容易相互干扰，因此，控制电梯时每运行半个楼层停顿一次，由底层施工人员打开层门，确认无异常后关闭层门再次运行。底层施工人员应时刻观察底坑内新旧补偿链状况，发现问题及时联系机房的施工人员，确保在无干扰的前提下运行电梯。

（9）如果底坑空间太小，可以将旧补偿链直接放到底层层门外。随着电梯的下行，由底层层门口施工人员将全部旧补偿链整理、堆放在底层层门外。

（10）当电梯运行到适合的楼层时，将电梯停在便于施工人员进出轿顶的位置；一名施工人员进入轿顶，验证急停按钮、慢上按钮、慢下按钮、公共按钮功能正常后，在轿顶控制电梯检修下行。

（11）底层的施工人员安全地进入底坑，验证急停按钮、慢上按钮、慢下按钮、公共按钮功能正常后，待轿顶的施工人员将电梯向下运行到合适位置时，两人分别在轿顶、底坑按下急停按钮。

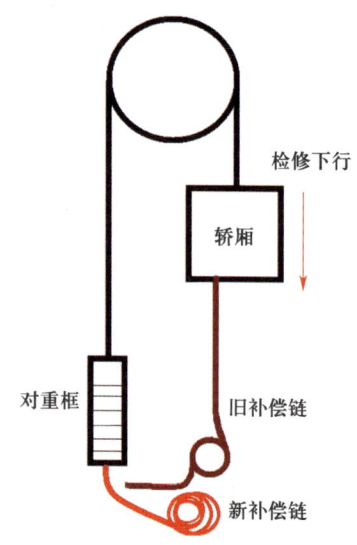

图 2-24 更换补偿链

（12）底坑的施工人员拆除轿厢侧补偿链，测量并截去多余的新补偿链，将新补偿链固定到轿顶起吊位置。

（13）检查、调整补偿链导向装置，导向装置应低于缓冲器压实时的最高点。

（14）复位轿顶急停按钮，电梯底层检修试运行，确认新补偿链无异常状况。

步骤2 复位电梯

（1）轿顶的施工人员控制电梯上行至适合走出轿顶和底坑的位置；按下急停按钮，走出轿顶，关闭层门。

（2）轿顶的施工人员来到底层，打开层门，协助底坑的施工人员将底坑杂物移出底坑，并协助其走出底坑，复位底坑急停按钮，关闭层门。

（3）打开轿顶所在楼层的层门，复位轿顶检修按钮、急停按钮，关闭层门。

（4）来到机房，拆除层门门锁回路短接线或复位门旁路系统，检修试运行，确认电梯无异常情况。

（5）电梯快车运行到顶层再至底层，均无异常情况。

（6）移除警示标志和防护栏，检查工具，电梯交付使用。

注意事项

1. 如果需要在短接层门门锁回路状态下慢车运行电梯，应确保电梯始终处于检修状态，确保各层门门锁的锁钩组件锁紧。

2. 当轿厢在较高楼层时，轿顶与底坑不可同时有施工人员。

3. 无论采取何种工艺更换补偿链，应确保轿厢在底层、顶层时都有足够的曳引力，保证曳引绳不会在曳引轮上滑移。

4. 确保补偿链不会与底坑地面、轿厢侧缓冲器部件等接触。

5. 当曳引绳伸长后，在补偿链接触地面前就应截短曳引绳，而不是截短补偿链。

6. 如果单独短接底层层门门锁开关，应有安全、合适的操作方案，且电梯应有提醒功能，确保在电梯快车运行前，安全回路中无短接线。

培训单元2　有机房电梯随行电缆诊断修理

能够对随行电缆进行更换

一、随行电缆的作用

就信息传输的准确率而言，有线传输高于无线传输。为了提高电梯的使用安全性，电梯的安全运行数据应采用有线传输的方式。随行电缆通常是指在轿厢上的随行电缆固定点和井道中间偏上位置的随行电缆固定点之间的电缆。目前，电梯厂家往往将随行电缆从轿厢直接连接到控制柜，从而减少安装工作量，提高电梯稳定性，降低故障率。也就是说，电梯控制柜与可移动的轿厢之间的安全运行数据通过随行电缆来进行传输。同时，轿厢内运行指令、开关门指令、称重信息、自动门状态信息等也通过随行电缆进行传输。

二、随行电缆的损坏原因

随行电缆的损坏原因有以下几种。

1. 随行电缆与井道中其他部件、墙体等刮擦,导致外侧绝缘橡胶破损,容易产生断路、短路等不安全因素,甚至造成电梯开门时启动运行的极度危险情况。

2. 轿厢的视频监控线、空调电源线等轿厢附加功能导线与随行电缆运行轨迹一致,固定、连接工艺的缺陷导致随行电缆变形、损坏等。

3. 随行电缆在电梯运行过程中不断地被拉伸、弯曲,导致金属导线疲劳断裂。当随行电缆内有一定量的导线断裂时,必须对其进行更换。

三、更换随行电缆前的检查

目前,电梯大多使用插件,更换的随行电缆一般使用成品,即电缆两头的插件已经加工完毕。为了保证更换随行电缆时一次成功,应在更换前对随行电缆进行检查,如线路是否正确、插件标记是否正确、机房端插件与轿厢端插件是否一致等。

更换有机房电梯随行电缆

操作准备

1. 查阅图样,理清随行电缆中每根线的功能与作用。
2. 确认随行电缆重量、电梯额定载重量,估算轿顶堆放空间。
3. 准备随行电缆固定架。
4. 准备扳手、膨胀螺栓、电锤。
5. 设置警示标志和防护栏。

操作步骤

步骤1 更换随行电缆

(1)电梯轿顶检修上行至平层区,在略高于旧随行电缆固定架的位置安装新随行电缆固定架,如图2-25所示。当提升高度大于60 m时,应同时使用两个随行电缆固定架。

(2)沿旧的随行电缆走线路径用卷尺测量其长度,在新随行电缆上做好记号,确定新随行电缆的固定点。

（3）在顶层，将新随行电缆抬上轿顶，沿记号处将新随行电缆固定在随行电缆固定架上。如果随行电缆固定架是自锁压紧式的，则按自锁压紧方式固定，如图 2-26 所示。

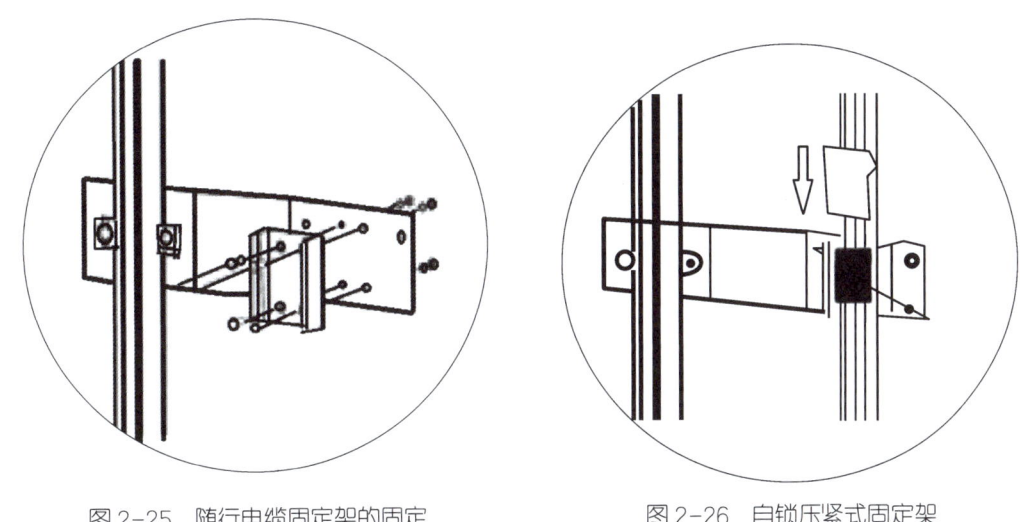

图 2-25 随行电缆固定架的固定　　　　图 2-26 自锁压紧式固定架

（4）电梯下行，如果有中间随行电缆固定架，则拆除其上的旧随行电缆，固定新随行电缆。

（5）当电梯运行到最底层的上一层时，另一名施工人员安全地进入底坑，轿顶的施工人员以检修方式运行电梯到最底层平层区后，将新随行电缆缓慢放入底坑；底坑的施工人员从固定架上拆除旧随行电缆，换上新随行电缆。注意，当提升高度大于 60 m 时，一般随行电缆带有钢丝绳，所以应将钢丝绳剥出，先固定钢丝绳后固定随行电缆，使随行电缆的重力作用在钢丝绳上，并将新随行电缆固定到轿顶接线箱附近。

（6）应确保新随行电缆的下垂度符合要求。当轿厢压实缓冲器时，新随行电缆不能与地面接触，可将电梯运行到最底层，确保轿厢压实缓冲器时随行电缆底部到底坑地面有 100～200 mm 的安全距离。

（7）检查并调整新随行电缆的走线，要求随行电缆的移动部分与井道内其他部件、井道壁、底坑地面、缓冲器等保持安全距离，确保电梯快速运行时不会刮擦、损坏随行电缆。

（8）有视频监控线、空调电源线等其他导线时，如果需要与随行电缆并行，一律将其宽松固定到随行电缆的侧面。

步骤 2　查线、接线

（1）将电梯运行到顶层便于施工人员进出轿顶的位置。

（2）切断主电源、照明电源，挂牌上锁，验电。

（3）对照随机文件的电气原理图检查新随行电缆与旧随行电缆的接口是否一致；重点确认电源线连接是否正确，杜绝插件插入时高压电源接入低压回路的情况发生。

（4）将新随行电缆分别连接到控制柜和轿顶接线箱。

（5）电梯上电，在机房检修点动试运行电梯，确认电梯可以检修运行。

（6）进入轿顶，检修试运行无异常。

（7）在轿顶，自上而下拆除井道内的旧随行电缆，并将其堆放到轿顶；加固新随行电缆。

（8）到底层，拆除轿厢上固定的旧随行电缆，将旧随行电缆移出井道。

步骤 3　功能测试及恢复使用

（1）电梯检修试运行无异常，转正常试运行也无异常。

（2）分别测试开关门、轿厢称重等功能，确保轿厢各功能有效。

（3）移除警示标志和防护栏，检查工具。

（4）电梯交付使用。

注意事项

1. 检查轿厢照明装置、门电机等的电源线，防止高压电源接入低压回路。

2. 初次固定新随行电缆时可以采用重复固定的方法，防止新随行电缆在更换过程中滑落，必要时可以分段将新随行电缆固定在轿顶。

培训单元 3　有机房电梯对重轮诊断修理

能够搭设底坑操作平台、支撑对重、起吊轿厢

能够对对重轮进行更换

知识要求

电梯采用2:1的曳引比时，可以降低对曳引轮扭矩的要求，从而降低对主机功率的要求。由于无齿轮主机没有减速箱的降速增扭功能，因此，一般具有无齿轮主机的电梯都采用2:1的曳引比。采用2:1的曳引比后，对重上应设置动滑轮，即对重轮。

一般在底坑或底层更换对重轮，所以需要起吊轿厢。对于有安全窗的轿厢，可以先通过安全窗进入轿顶，再起吊轿厢，并使对重压实缓冲器；也可以先使对重压实缓冲器，再爬到轿顶起吊轿厢。对于无安全窗的轿厢，不能将施工人员留在轿顶，因此需要支撑对重，在便于进出轿顶的位置起吊轿厢。

当对重轮的轴承或铜套损坏时会有噪声，因此需要更换轴承或整个对重轮。如果损坏的对重轮没有及时更换，可能发生对重轮轴断裂、钢丝绳从对重轮中脱出等严重事故。

技能要求

更换有机房电梯对重轮

操作准备
1. 准备手拉葫芦、对重支撑工具、安全防护工具、爬梯和操作平台。
2. 在电梯基站、轿厢内、底层层门口、顶层层门口设置警示标志和防护栏。

操作步骤

步骤1 起吊轿厢
（1）在机房将承重方管架在主机承重梁上，将吊带挂在承重方管上并放入井道。

（2）将电梯运行到顶层，在轿顶上将手拉葫芦挂在吊带上，再使电梯检修下行。

（3）计算对重支撑高度并测量，使对重被支撑后，将轿厢停在便于施工人员进出轿顶的位置。

（4）为了安全且便于更换对重轮，在底坑搭设操作平台；使对重压实在对重支撑工具上,此时电梯无法上行,切断电梯主电源,挂牌上锁,验电。操作平台及对重支撑工具如图 2-27 所示。

(5)在顶层,通过吊带连接手拉葫芦及轿顶上梁,起吊轿厢,如图 2-28 所示;当轿厢起吊 200~300 mm 后使限速器动作,释放手拉葫芦,使轿厢重量主要由安全钳承受。

图 2-27 操作平台及对重支撑工具

图 2-28 起吊轿厢

步骤 2　更换对重轮

(1)为了防止对重轮处的钢丝绳相互缠绕,利用电线或牵引绳固定钢丝绳的顺序。

(2)在操作平台上拆除对重上梁的固定螺栓,移除对重轮,如图 2-29 所示。

(3)将新对重轮安装到对重框上。

(4)安装对重轮后应盘动对重轮,确认对重轮转动无卡阻现象;对照电梯设计图样,按照厂家要求紧固固定螺栓,必要时使用扭力扳手。

步骤 3　复位电梯,投入使用

(1)起吊轿厢,释放安全钳,复位限

图 2-29 在操作平台上更换对重轮

速器；释放轿厢，使曳引绳完全受力。

（2）移除手拉葫芦。

（3）电梯上电，点动下行，使对重脱离缓冲器或支撑工具。

（4）拆除对重支撑工具，拆除操作平台。

（5）电梯检修上行，移除吊带和承重方管。

（6）电梯检修运行到中间楼层，分别检修上下行，观察、确认对重轮旋转无异常情况。

（7）电梯转正常试运行无异常。

（8）移除警示标志和防护栏，检查工具，电梯交付使用。

注意事项

1. 不能在轿顶与底坑同时作业。
2. 操作平台应牢固可靠，且有足够的安全防护措施。
3. 避免机房检修运行时轿顶、底坑有操作人员。
4. 当对重轮较重时，采用起吊的方法进行更换。

培训单元4 层门门扇诊断修理

熟悉层门门扇调整要求和层门门扇更换作业要求

能够对层门门扇进行更换与调整

电梯层门门扇在使用过程中常常会受到撞击、腐蚀，导致门扇变形、脱落，为了不影响电梯的安全运行，需要重新调整甚至更换层门门扇。

一、层门的作用和功能

层门门扇、门锁及其电气开关共同作用,防止电梯出现坠落和剪切事故。层门的作用主要是当轿厢不在该楼层时阻止乘客踏入井道,避免乘客坠落井道。当层门没有关闭时,门锁开关无法接通,门锁回路是断开的,电梯无法启动。

为了有效地避免电梯出现坠落和剪切事故,保持电梯安全运行,层门应有强迫关门功能、门锁自锁功能、门锁安全开关功能,并符合最大门缝间隙要求、门锁强度要求等。

二、强迫关门功能失效的原因

层门的强迫关门功能失效一方面会降低门扇的安全保护作用,另一方面会使电梯在运行时容易发生门锁故障。强迫关门功能失效有多种原因,如层门挂板上的偏心轮间隙偏小、强迫关门重锤或弹簧失效、层门悬挂装置导轨有异物堆积、层门导靴(滑块)有异物卡阻、门扇移位导致滑块压紧滑块槽等。这类问题一般通过调整都可以解决。

三、调整或更换层门门扇的时机

当层门门扇变形量过大、脱焊、腐蚀而不能正常使用,层门门扇的安全性大幅度降低时,需更换层门门扇。

技能要求

更换电梯层门门扇

操作准备

1. 在电梯基站、轿厢内、工作层设置警示标志和防护栏。
2. 安全地进入轿顶,将电梯运行至适合操作的位置,按下急停按钮。
3. 用万用表验证门锁开关处于失电状态。

操作步骤

步骤1　更换层门门扇

（1）检查偏心轮间隙，偏心轮间隙应为 0.15～0.5 mm，应避免间隙偏大，否则在更换层门门扇时易导致层门挂板掉落。

（2）如果强迫关门装置设置在层门门扇上，应先拆除该装置。

（3）拆除门锁开关导线，将导线裸露部分用绝缘胶布包扎。

（4）一名施工人员松开层门挂板螺栓，另一名施工人员在层门外移除旧门扇。如果层门挂板螺栓上使用了垫片，则应将垫片放在与层门挂板螺栓对应的层门悬挂装置上方。

（5）将新层门门扇搬至安装位置，将两个滑块插进滑块槽，用螺栓将层门门扇固定到层门挂板上。

（6）更换另一个层门门扇。

步骤2　调整层门门扇

（1）将层门门扇停止在开门时的任意位置，观察层门能否自动关门、门锁能否自动锁紧，接通门锁开关。

（2）检查强迫关门重锤、弹簧，确认无卡阻现象；确认滑块无卡阻现象。

（3）在接近滑块的门扇上前后轻推，注意滑块不应压紧在滑块槽边缘，否则应拧松层门挂板螺栓；一边前后调整层门门扇，一边紧固层门挂板螺栓，直到层门门扇位置合适，滑块侧边不再压紧滑块槽，如图 2-30 所示；确保强迫关门功能有效。

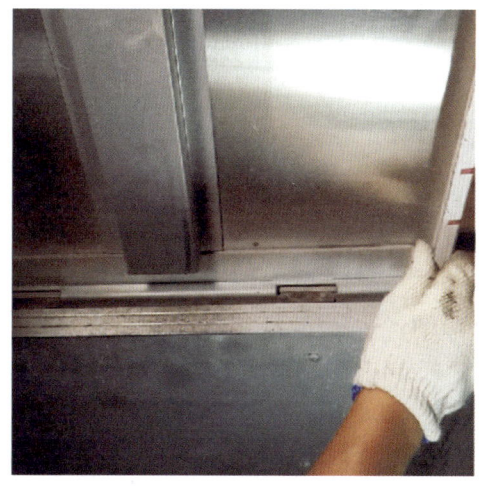

图 2-30　检查滑块

（4）检查调整门缝间隙，其中载客电梯门缝间隙应不大于 6 mm，载货电梯门缝间隙应不大于 8 mm。

步骤3　恢复电梯的使用

（1）复位轿顶急停按钮，在更换层门门扇的门区上下位置检修试运行，检查层门与轿门、门刀与门锁滚轮的相对位置是否符合要求，轿门带动层门开关门时有无异常。

（2）电梯转正常试运行无异常。

（3）移除警示标志和防护栏，检查工具，清理现场，电梯交付使用。

注意事项

1. 施工中可能接触门锁开关，应先用万用表验证门锁回路处于失电状态后再进行操作。

2. 拆除和安装层门门扇时，应始终确保滑块在滑块槽内，防止层门滑入井道。

培训单元5　层门悬挂装置诊断修理

能够对层门悬挂装置进行更换

一、层门悬挂装置的作用

层门结构如图 2-31 所示。层门悬挂装置是用来悬挂层门的，层门挂板悬挂在层门悬挂装置的导轨上，而层门门扇固定在层门挂板上，所以，层门门扇和层门挂板的重量由层门悬挂装置承受而非地坎。

当层门悬挂装置损坏时，层门不能灵活开关门，导致门锁回路发生断路故障，或者层门安全防护作用减弱或失效。

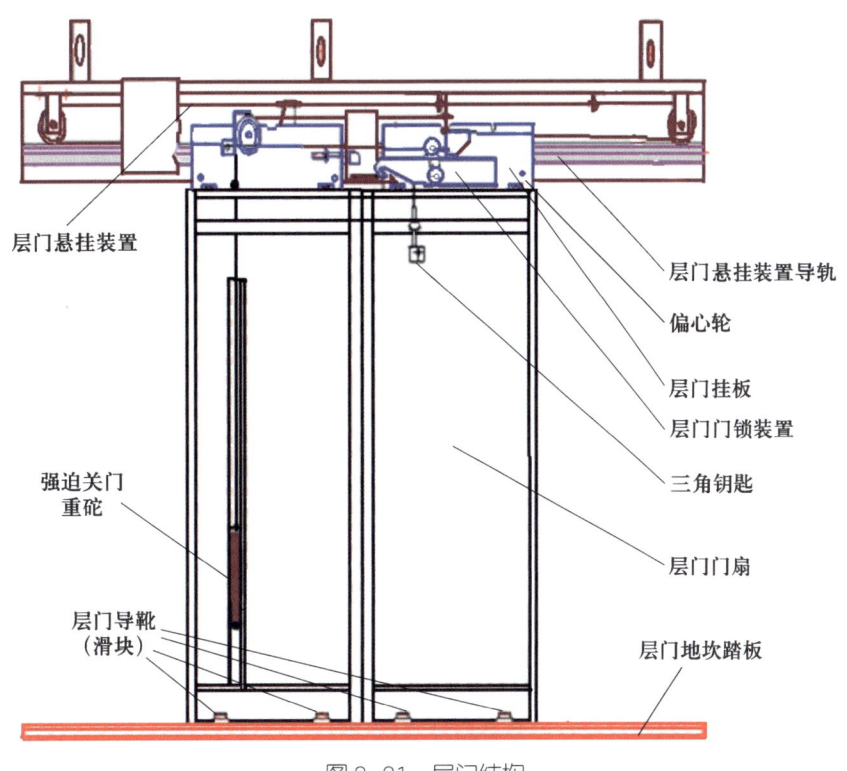

图 2-31 层门结构

二、层门悬挂装置的更换注意事项

更换层门悬挂装置时,一般以层门地坎为基准;如果层门地坎也需要更换,就应以轿厢地坎为基准,或者从上一层的层门地坎放线坠到施工楼层。

更换层门悬挂装置之前,应先拆除层门门扇。

更换层门悬挂装置

操作准备

1. 在电梯基站、轿厢内、工作层设置警示标志和防护栏。
2. 安全地进入轿顶,将电梯运行至适合操作的位置,按下急停按钮。
3. 用万用表验证门锁开关处于失电状态。

操作步骤

步骤 1　拆除层门门扇和层门挂板

（1）参考"更换电梯层门门扇"步骤1的（1）~（4）。

（2）松开偏心轮，拆除层门挂板上的连接钢丝绳，拆除层门挂板。

步骤 2　更换层门悬挂装置

（1）如果层门悬挂装置与层门地坎由立柱连接，应松开层门悬挂装置与立柱之间的连接螺栓。

（2）松开固定层门悬挂装置膨胀螺栓的固定螺母，拉出并移除层门悬挂装置。

（3）将新层门悬挂装置挂在膨胀螺栓上，确认位置基本合适，并适当紧固螺母。

（4）借助线坠调整层门悬挂装置的垂直度、左右位置、与滑块槽的相对垂直位置，保证层门悬挂装置左右方向的水平度都大于2/1 000；一边紧固一边调整，直到位置符合要求，且层门悬挂装置被完全紧固。

步骤 3　复位电梯

（1）在拆除的位置分别安装层门挂板、层门门扇及其附件。

（2）调整偏心轮、连接钢丝绳的位置及松紧度，调整强迫关门装置。

（3）手动检查强迫关门功能是否有效，层门门扇间隙是否合理。一边紧固层门挂板螺栓，一边调整层门门扇位置，使强迫关门功能有效，且层门挂板螺栓被完全紧固。

（4）连接门锁开关线，按厂家要求调整门锁位置。

（5）复位轿顶急停按钮，慢车上行，检查门刀与门锁滚轮位置，要求前后间隙均为5~10 mm，啮合深度大于8 mm。

（6）轿顶检修上下行，确认轿门带动层门的开关门功能无异常。

（7）走出轿顶，确认电梯快车试运行无异常、开关门无异常。

（8）整理现场，打扫散落的旧部件，检查工具，移除警示标志和防护栏。

（9）电梯交付使用。

注意事项

1. 确保更换后的层门悬挂装置导轨与滑块槽平行，且在同一垂面内。

2. 试用前清理层门悬挂装置导轨及滑块槽，应确保无异物。

培训单元 6　层门地坎诊断修理

能够对层门地坎进行更换

一、层门地坎的作用

层门地坎可以通过滑块槽限制层门的活动范围，使层门只能沿着开关门方向运动。当层门受到来自层门外的作用力时，滑块槽具有防止层门被推向井道的作用。当层门门缝受外力作用时，如果偏心轮松动，层门在垂直平面内偏移，层门底部的门缝会急剧变大，产生较大的安全风险，而层门地坎踏板具有限制门缝避免其进一步扩大的作用。层门地坎一般比楼面高出 2~3 mm，以防止异物进入井道或滑块槽。层门地坎要有一定的强度，防止被重物撞击后变形。

层门地坎踏板与轿厢地坎踏板应平行，两者间隙不大于 35 mm；踏板上表面的水平度不大于 2/1 000。

二、层门地坎的安装要求

一般可以在不拆除层门门扇的情况下对层门地坎进行拆除，但是为了便于操作，可拆除层门门扇但不拆除层门悬挂装置。为了保证层门的正常、安全使用，层门地坎有位置和强度两方面的要求。

1. 位置要求

层门地坎踏板中心线与轿厢地坎踏板中心线应一致，否则会导致层门门锁滚轮难以调整到与门刀匹配的位置。层门地坎踏板与轿厢地坎踏板应保持平行，水平间隙应符合设计要求且不大于 35 mm，此间隙越小，乘客越安全。注意，门刀与层门门锁滚轮啮合深度越小，层门门锁滚轮越容易从门刀中脱出，会导致故障发生。滑块槽与层门悬挂装置应平行且在同一垂面内，否则滑块易发生卡阻现象，加快滑块的磨损，易导致强迫关门功能失效，产生安全隐患。

2. 强度要求

在层门进出口位置，层门地坎踏板要能承受乘客、小推车等的压力而不变形。因此，层门地坎底部应有承重支架（或牛腿），中间为承重槽钢（或钢板），顶部才是地坎踏板。对于底层层门地坎，为了便于施工人员进出底坑，一般对进出口外侧的踏板强度予以加强；对于其他楼层层门地坎，一般只对进出口下方部位的强度予以加强。

技能要求

更换电梯层门地坎

操作准备

1. 在电梯基站、轿厢内、工作层设置警示标志和防护栏。
2. 安全地进入轿顶，将电梯运行至适合操作的位置，按下急停按钮。
3. 用万用表验证门锁开关处于失电状态。

操作步骤

步骤1　拆除层门门扇

参考"更换电梯层门门扇"步骤1的（1）~（4）。

步骤2　更换层门地坎

（1）根据楼面高度，在层门进出口位置做好层门地坎踏板上表面的高度标记线。

（2）复位轿顶急停按钮，电梯下行到适合对层门地坎进行操作的位置，按下急停按钮。

（3）拆除连接层门地坎和立柱的螺栓。

（4）拆除层门地坎踏板；如果承重支架变形、移位，拆除承重槽钢和承重支架，安装新的承重支架。

（5）安装承重槽钢，其高度应使层门地坎踏板安装后的高度略低于高度标记线 2~3 mm，固定承重槽钢。

（6）复位急停按钮，待电梯上行到合适位置，按下急停按钮；在层门悬挂装置导轨左右两侧各放一根线坠延伸到层门地坎踏板上表面，其中一根线坠应作为踏板左右位置的基准线，如图 2-32 所示。图中 L_1 是基准线到一侧层门地坎踏板边缘的距离，L_2 是基准线到层门地坎踏板中间线的距离。

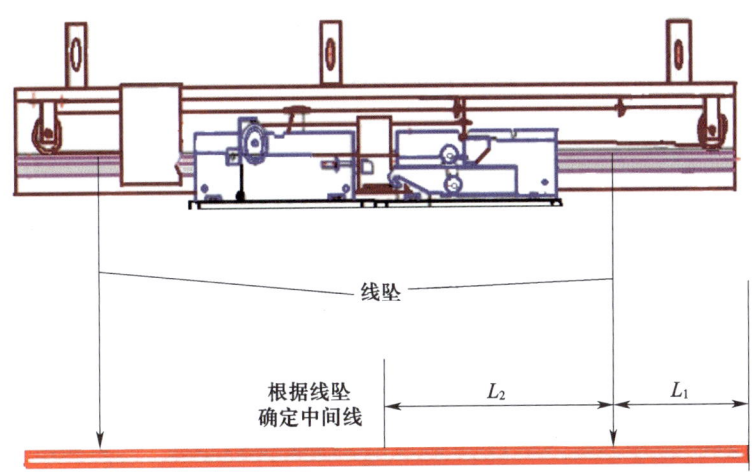

图 2-32　根据基准线安装踏板

（7）安装层门地坎踏板并调整位置，一边调整一边紧固层门地坎踏板与承重槽钢之间的紧固螺栓，直到完全紧固。

（8）将层门地坎踏板与立柱用连接螺栓连接，并紧固。

步骤 3　复位电梯

（1）复位急停按钮，待电梯上行到适合安装层门门扇的位置，按下急停按钮。

（2）安装层门门扇，调整门扇间隙、门锁啮合深度、门锁间隙等。

（3）如果拆除过层门门锁装置，则应将电梯慢车运行到平层区，校对门锁滚轮与门刀的位置。

（4）轿顶检修上下行，电梯运行无异常，开关门无异常。

（5）走出轿顶，电梯快车试运行无异常，开关门无异常。

（6）整理现场，收拾散落的旧部件，检查工具，移除警示标志和防护栏。

（7）电梯交付使用。

培训项目 3　轿厢对重设备诊断修理

培训单元1　轿厢重要部件诊断修理

掌握轿顶轮、轿底轮常见故障的诊断修理方法
掌握安全钳常见故障的诊断修理方法
掌握轿厢常见故障的诊断修理方法
掌握门机常见故障的诊断修理方法

一、轿顶轮、轿底轮常见故障

通常，轿顶轮、轿底轮发生故障时会产生噪声，包括保护罩振动辐射噪声、摩擦噪声、空腔共鸣噪声等，以及轿顶轮、轿底轮振动引起轿厢振动的辐射噪声。

1. 轴承失效

轴承失效是噪声和振动最常见的根源，一般其失效形式有疲劳剥落、磨损、塑性变形、腐蚀、烧坏、保持架损坏等。

（1）不正确的安装方法很容易造成轴承损坏或零件局部受力产生应力集中而引起疲劳。根据疲劳产生的机理和主要影响因素，可以有针对性地提出预防措施。

例如，对于表面起源损伤引起的疲劳，可以对零件表面进行强化处理；对于次表面起源型疲劳，可以采取改善材料品质等措施。

（2）润滑不当会引起不正常的摩擦磨损，并产生大量的热量，影响材料组织结构和润滑剂性能，缩短轴承的使用寿命。对于可加油润滑的轴承，应按规定及时加注润滑油；对于免加润滑油的轴承，应在轴承出现异常情况（如产生噪声）时及时更换。

（3）密封不良容易使杂质进入轴承内部，既影响零件之间的正常接触形成疲劳源，又影响润滑效果或污染润滑油。此时应及时清洗或更换轴承。

2. 钢丝绳与轿顶轮、轿底轮的摩擦振动

（1）主钢丝绳因受力不均引起一根或几根钢丝绳磨损严重而变细，造成钢丝绳与轿顶轮槽、轿底轮槽的摩擦力变小。当钢丝绳的公称直径小于标准直径的90%时应及时更换。

（2）钢丝绳或轮槽润滑油太多引起钢丝绳打滑而产生振动。这种现象在夏季易出现，应及时清理油污。

（3）钢丝绳或轿顶轮槽、轿底轮槽内有不均匀的油泥疙瘩，引起钢丝绳跳动而振动。这种现象在冬季易出现，也应及时清理油污。

（4）钢丝绳张力严重超差或钢丝绳的振动频率不一样而引起振动，导致轿顶轮槽、轿底轮槽严重磨损。在维护保养时应对钢丝绳张力进行检测，各钢丝绳张力与平均值的偏差应不大于5%。

（5）钢丝绳材质太硬、韧性差，钢丝绳产生的振动无法自行消减反而产生叠加。此时应更换合适的钢丝绳。

（6）钢丝绳绳头组合两头的弹簧弹性不一致或断裂，导致钢丝绳张力不均而产生振动。应保证弹簧是同一厂家、同一批次、同一规格的产品。

（7）钢丝绳的扭力太大引起钢丝绳摆动而导致振动。此时应松开锁紧螺母，释放扭力后再调整张力。

二、安全钳常见故障

在电梯实际使用过程中，安全钳发生故障的概率极低，但安全钳异常产生的噪声和导致的故障都会造成乘客的恐慌，且对于维修人员来说较难处理。

1. 安全钳蹭导轨

如果安全钳楔块与导轨的间隙小于标准间隙，当导靴磨损严重时，安全钳会

刮擦导轨，特别是在电梯下行时，甚至容易钳住导轨。应按标准间隙调整安全钳，并对导轨刹车部分进行直线度和表面粗糙度的修正，同时检测紧固件有无松动现象。

2. 安全钳误动作

限速器旋转部分或绳轮润滑不够，造成限速器误动作，提拉安全钳。此时应对限速器进行校验，如有必要，更换限速器。

3. 安全钳制动异常

安全钳楔块磨损严重或导轨表面粗糙度异常会导致安全钳制动距离过长，甚至无法制动。楔块磨损严重时应及时更换。导轨表面有防护蜡时应用导轨油清洗干净，并重新进行满载刹车测试。

4. 安全钳无法解锁

安全钳无法解锁的原因：楔块或导轨有加工缺陷或安装不良，造成楔块夹持工作面和导轨不平行，使端面呈尖棱状；安全钳操纵拉杆弹簧太软，无法复位；安全钳操纵拉杆弯曲，无法使楔块解脱。

解决措施：更换楔块并修整导轨工作面；调整安全钳操纵拉杆，复位弹簧。

三、轿厢常见故障

在电梯实际使用过程中，轿厢会发出噪声或出现故障，这一般是由于产品设计或安装不当导致的。

1. 轿厢安装不当引起的噪声

轿厢的噪声主要来源于轿壁与轿壁、轿壁与轿底、轿壁与操纵箱、轿壁与吊顶、轿壁与斜栏杆等部件之间的挤压或摩擦。轿厢部分部件如图 2-33 所示。需要确定噪声来源，检查紧固件紧固状态，并确认安装间隙是否过大。

2. 轿厢偏载引起的故障

轿厢偏载会导致其他部件工作尺寸异常而引起故障。常见的故障有两种：一是安全钳楔块与导轨的间隙发生变化（即导靴与导轨的间隙发生变化），导致导靴磨损过快，产生抖动现象，严重时安全钳会刮擦导轨；二是门刀与层门门锁滚轮的间隙发生变化，导致门刀刮擦层门门锁滚轮，使门锁断开。

此时需要对轿厢进行静平衡调整，调整轿架横梁至水平状态、直梁至垂直状态，对于有补偿装置的电梯还需要调整动平衡，保证轿厢在井道任何位置时，横梁和直梁都不存在扭曲的情况，即处于最佳状态。

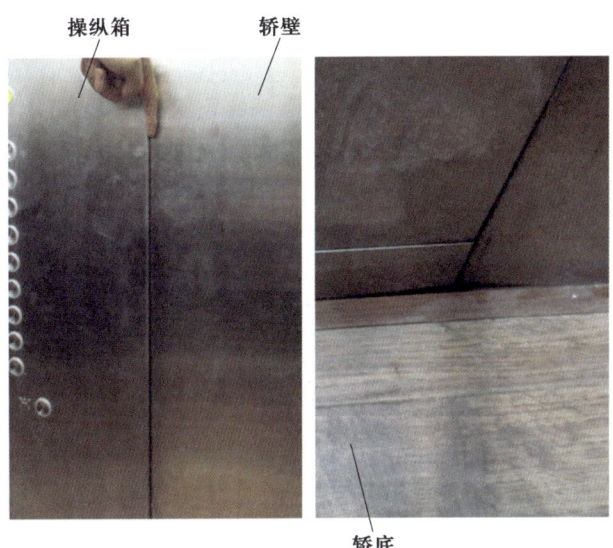

图 2-33 轿厢部分部件

四、门机常见故障

门机控制系统包含了门机控制盒、门电动机、门编码器、乘客保护装置及其附属线路,其中门机控制盒和门电动机如图 2-34 所示。一般对于同步门机控制系统来说,门编码器集成封装在门电动机中。门机控制系统各个部件发生故障都会导致电梯无法开门或关门。

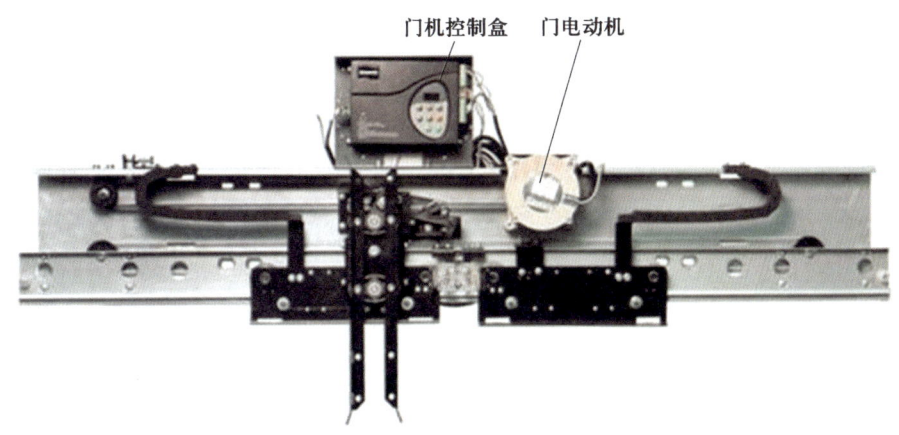

图 2-34 门机控制系统部分部件

1. 门机控制盒故障

门机控制盒是一个逻辑、驱动控制器,其可能存在电流、电压、速度、硬件、软件等方面的故障,需要依据其故障现象和故障代码综合诊断修理。

2. 门电动机故障

同步门电动机最常见的故障是初始角异常导致开关门异常，严重时甚至会飞车。应检查机械部件是否卡阻，门电动机相序是否正确，门编码器线与门电动机动力线是否松动。

3. 门编码器故障

常见的门编码器故障如下：门电动机与门编码器连接不正常，门电动机与门编码器的配线脱开或断开。另外，门编码器通常由 5~12 V 的直流电源供电，因此强磁场或强电场可能引发故障，应尽量避开。

4. 乘客保护装置故障

常见的乘客保护装置有光幕、光眼、安全触板、力矩保护装置等，以及结合以上几种的综合保护装置。应按实际需求配置，并根据功能异常情况确定故障原因。对于没有乘客保护装置的电梯，应暂停使用。

通用型门机故障诊断修理

操作步骤

步骤 1　确认故障

开关门异常多为无法开门或关门，此时电气系统会反复尝试发送开关门指令，但超过一定时间后，电梯进入保护状态并有故障记录。检修人员到达现场后，如果有困人的情况，应先执行应急救援流程将被困乘客救出，然后查看故障记录。对于西子一体机，可以在服务器上依次按"M-1-2-1"进入 Events 菜单，查看故障记录，并可查看故障出现的楼层。对于开门相关故障记录，如"0103 OpMode DTO"，是指在设定时间内电梯未开门或没有收到开门到位信号；对于关门相关故障记录，如"0102 OpMode DTC"，是指在设定时间内电梯未关门或没有收到关门到位信号。可依据故障指示的楼层去检查相关楼层层门机械系统是否异常。

步骤 2　检查线路

（1）查阅图样。依据功能栏快速找到门电气系统对应的功能图区"门机电路"，以 easy-con 变频门机为例，如图 2-35 所示。

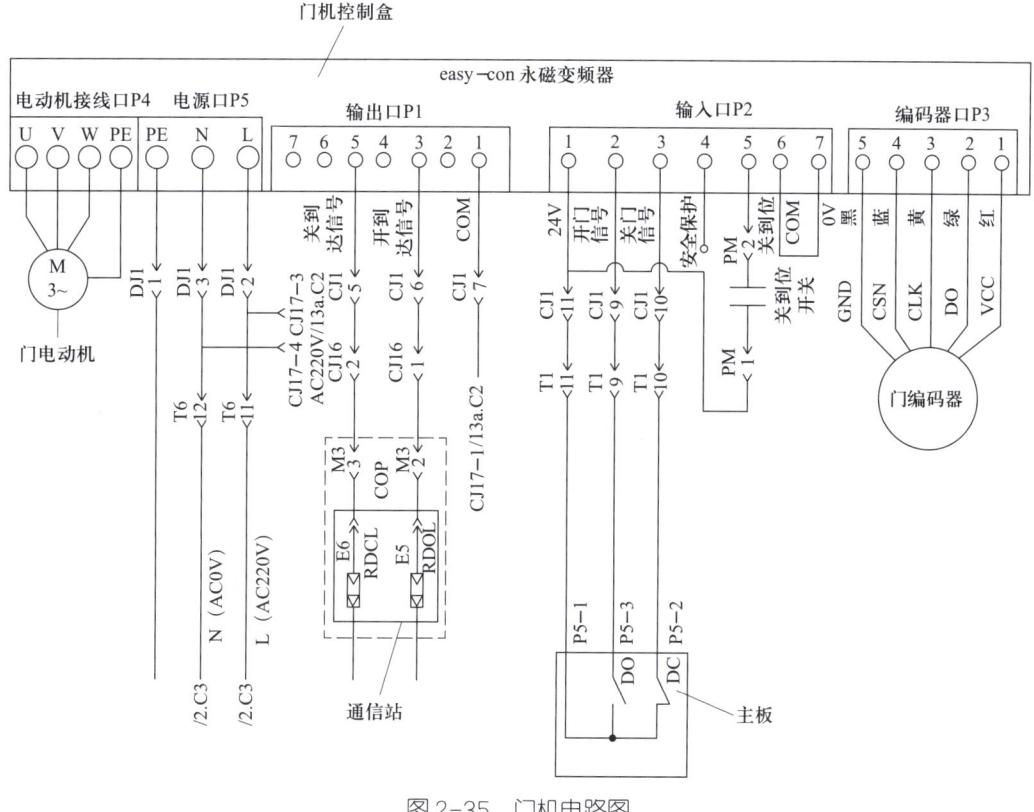

图 2-35 门机电路图

（2）测量线路。对故障现象或故障代码指定的回路进行测量、检查。因为电梯处于检修模式，不会发出开门指令，因此只能使用电阻法测量线路是否存在异常。

开门指令线路：从主板端口 P5-3 出发，经线缆到控制柜插件 T1-9，经随行电缆到轿顶接线箱插件 CJ1-9，经轿顶线路到门机控制盒接线口（输入口）P2-2。

关门指令线路：从主板端口 P5-2 出发，经线缆到控制柜插件 T1-10，经随行电缆到轿顶接线箱插件 CJ1-10，经轿顶线路到门机控制盒接线口（输入口）P2-3。

开关门指令公共线路：从主板端口 P5-1 出发，经线缆到控制柜插件 T1-11，经随行电缆到轿顶接线箱插件 CJ1-11，经轿顶线路到门机控制盒接线口（输入口）P2-1。

开门到位信号线路：从门机控制盒的输出口 P1-3 出发，经轿顶线路到轿顶接线箱插件 CJ1-6，经轿顶接线箱到插件 CJ16-1，经轿顶与轿厢操纵箱线路到 COP 插件 M3-2，经 COP 线缆到远程通信站 RS5 板的输入口 E5。

关门到位信号线路：从门机控制盒的输出口 P1-5 出发，经轿顶线路到轿顶接线箱插件 CJ1-5，经轿顶接线箱到插件 CJ16-2，经轿顶与轿厢操纵箱线路到 COP

插件 M3-3，经 COP 线缆到远程通信站 RS5 板的输入口 E6。

开关门到位公共信号线路：从控制柜开关电源 24V 出发（图 2-35 未标出），经控制柜线路、随行电缆到轿顶接线箱插件 CJ1-7，经轿顶线路到门机控制盒接线口（输出口）P1-1。

步骤 3　检查功能

（1）检查通信站设置。在解决开关到位信号或关门到位信号故障时，除了主板和门机控制盒部件可能存在异常，通信站也可能出现问题。如果确认是通信站有问题，可使用部件替换的方法进行故障锁定。替换通信站时要确认其拨码地址与原通信板地址一致。西子一体机采用 RSL（remote serial link，远程串行连接）通信，其拨码地址采用二进制编码。例如，关门到位信号地址为"51"，其对应的 RS5 板拨码应为"110011"。

如果替换了通信站后故障消除，则说明是通信站损坏了；否则，先检查主板设置是否异常，再检查通信回路是否异常。

（2）检查主板设置。对于已经在用的电梯，一般不考虑主板参数的设置存在问题。若是更换主板导致开关门异常，则可以进行检查。需要参考控制系统调试说明书对相关参数进行检查和确认。对于西子一体机配 easy-con 变频门机来说，一般需要确认门机参数和 RSL 开关门到位信号地址的设置。例如，对开关门通信类型参数的设置进行检查，在服务器上依次按"M-1-3-1-3"进入 DOOR 菜单，找到前门机类型，设置"5"为 DO/DC 继电器通信类型，设置"12"为三线码通信类型；对开门到位信号 DOL 的地址设置进行检查，在服务器上依次按"M-1-3-2"进入 RSL 菜单，找到 0 号地址 DOL，确认其设置为"51，1"。

步骤 4　检查部件

确认线路和功能设置没有异常之后，检查部件是否异常。可以通过检测主板或门机控制盒信号确认部件本身是否异常。西子一体机配 easy-con 变频门机的开关门继电器如图 2-36 所示。

检查主板时可观察开关门继电器指示灯工作状态是否正常，正常状态是开门亮、关门熄灭，或可测量主板 P5-3 和 P5-2 的输出电压是否与工作电压一致。

检查门机控制盒时可观察门机电源灯、开关门指令灯和开关门到位灯工作状态是否正常。由于门机位于轿顶，因此严禁在轿顶快车运行电梯并观察信号灯状态，一般需要使用门机专用调试工具来进行检查，具体应参考相应的门机操作说明书。

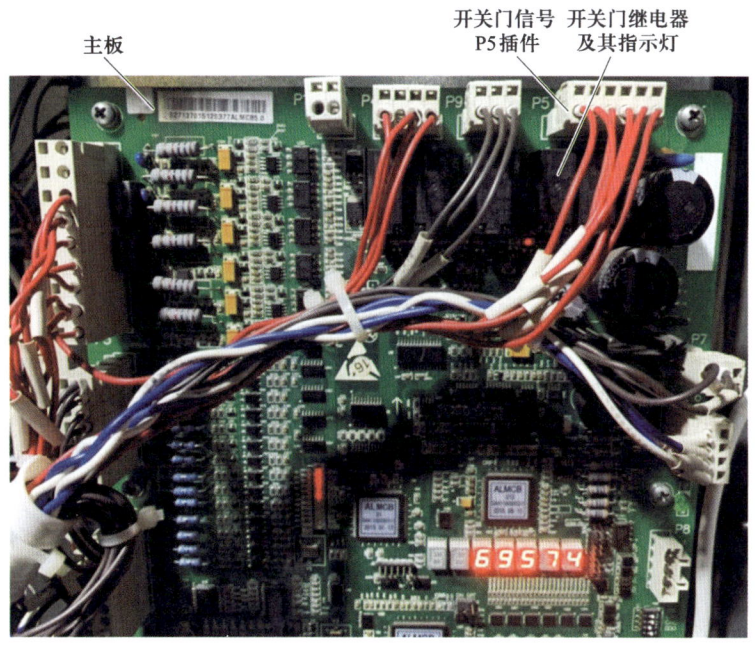

图 2-36 开关门继电器

如图 2-37 所示,当发现门机控制盒工作指令或反馈信号异常时,一般有两种可能:一是对应部件的硬件损坏了;二是对应部件的设置异常。对于已经在用的电梯,优先考虑是部件损坏了,因此可对部件进行替换以判断故障点。门机控制盒的更换涉及重新调试,需要参考控制系统调试说明书和门机操作说明书。

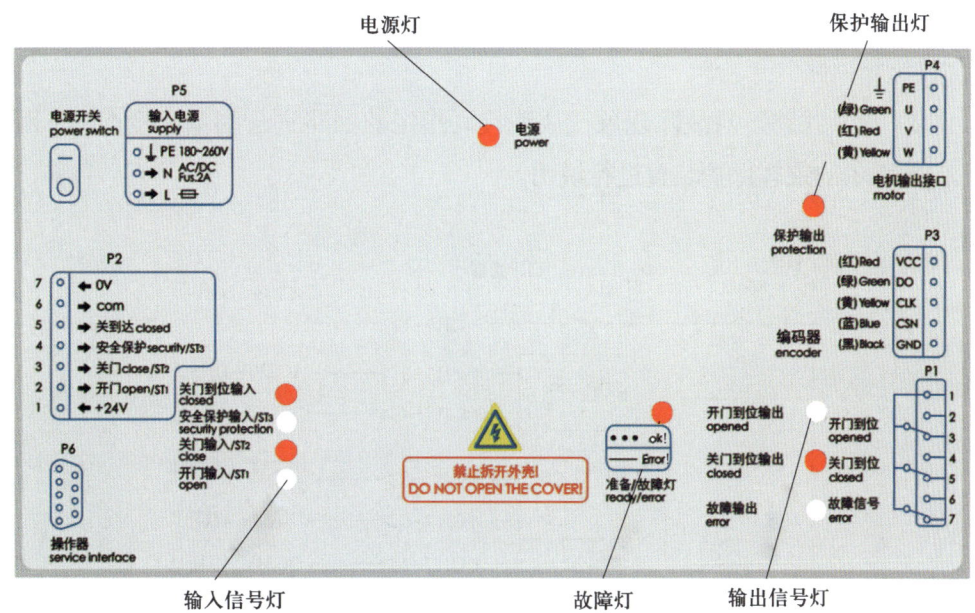

图 2-37 门机控制盒指示灯

步骤 5　修复故障

（1）故障发生在线路的，修复相应的线路并检查线路或插件失效的原因，如进出轿顶时是否踩破了轿顶接线箱到门机的线路。

（2）故障发生在部件的，更换相应的部件并参考控制系统调试说明书调试至正常。

注意事项

1. 在检查门机侧线路或部件时，严禁在轿顶快车运行电梯。
2. 在修理故障的过程中，应严格执行锁闭或验电程序，防止短路或触电事件发生。

乘客保护装置故障诊断修理

操作步骤

步骤 1　确认故障

控制系统不同，乘客保护装置功能失效的表现方式不同。有的控制系统表现为在关门过程中无法重新开门，而是继续关门导致门扇挤压乘客或物品；有的控制系统表现为始终无法关门，电梯无法正常使用。依据故障现象即可判断故障点。

步骤 2　检查线路

（1）查阅图样。以西子一体机为例，乘客保护装置相关线路在"门机电路"和"操纵箱回路"。

（2）测量线路。对故障现象或故障代码指定的回路进行测量、检查。下面对图 2-38 所示的乘客保护装置进行说明。

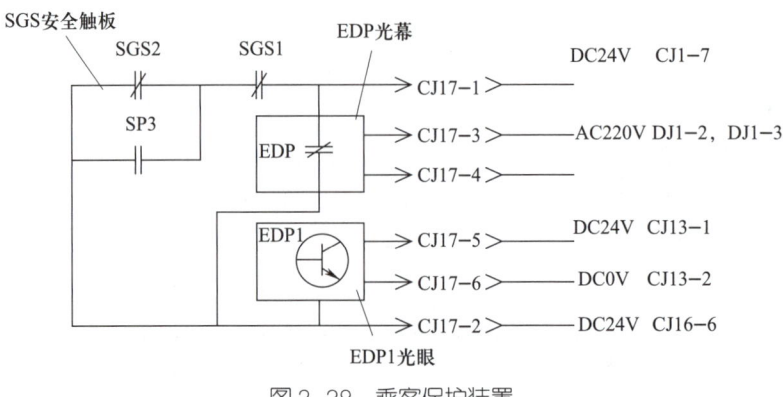

图 2-38　乘客保护装置

安全触板线路检查：从 CJ17-1 输出经轿顶线路到安全触板 SGS1 开关后分支，经 SGS2 和 SP3 开关后并线，经轿顶线路到插件 CJ17-2、CJ16-6，经轿顶插件、操纵箱插件 M1-4 到操纵箱通信站 RS5-5 的输入口 E8，如图 2-39 所示。

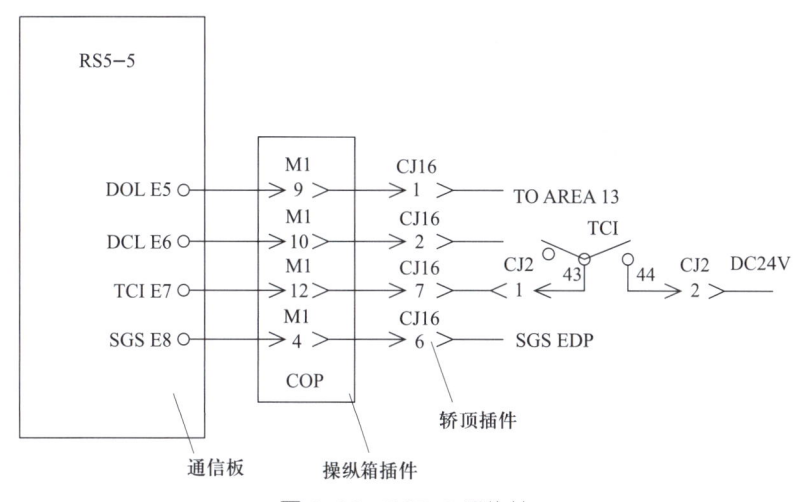

图 2-39　RS5-5 通信站

光幕线路检查：其信号电源线路同安全触板线路，到达插件 CJ17-1 后，经过光幕的常闭触点，再到插件 CJ17-2，到操纵箱通信站 RS5-5 的输入口 E8。其电源为 AC 220 V，从控制柜出发，经随行电缆到轿顶接线箱插件 DJ1-2 和 DJ1-3，并分支到 CJ17-3 和 CJ17-4，再到光幕电源接线端。

以图 2-40 所示的安全触板结构为例，对安全触板的机械结构进行调整：调整 SGS1、SGS2 触板，因其安装后凸出于轿门门扇，所以被阻挡而提起后能使对应的触板开关动作，断开信号回路，触发乘客保护装置动作而重新开门；调整 SP3 门机磁开关，使其在关门末端 SGS2 触板被提起之前先吸合、跨接 SGS2 触板开关；调整 SGS2 触板，使其在关门到位后被提起，并留出空间，保证 SGS1 触板正好嵌入此空间而不发生碰撞或阻挡。

步骤 3　检查功能

（1）检查通信站设置。如果乘客保护装置线路未发现异常，可能是通信站的问题，也可使用部件替换的方法进行故障锁定。替换通信站时要确认其拨码地址与原通信板地址一致。例如，乘客保护用的 SGS 信号地址为"05，4"，其对应的 RS5 板拨码应为"000101"。

如果替换了通信站后故障消除，则说明是通信站损坏了；否则，先检查主板设置是否异常，再检查通信回路是否异常。

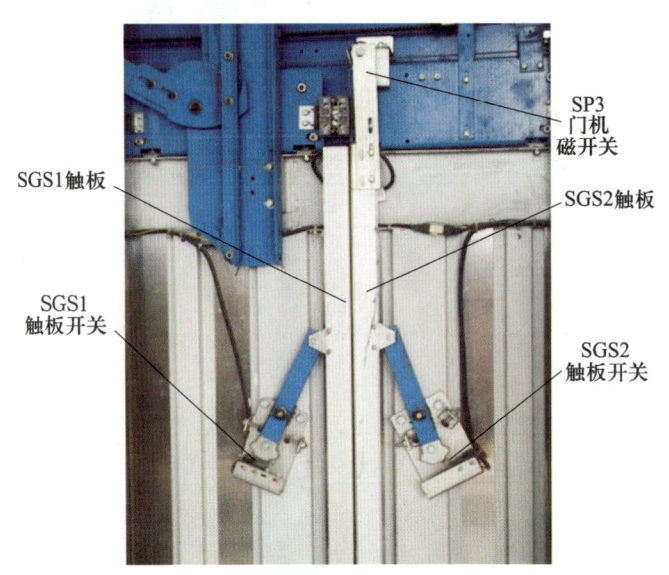

图 2-40　安全触板结构

（2）检查主板设置。对于已经在用的电梯，一般不考虑主板参数的设置存在问题。若是更换主板导致开关门异常，则可以进行检查。同样需要参考控制系统调试说明书，对相关参数进行检查和确认。对于西子一体机来说，在服务器上依次按"M-1-3-2"键进入 RSL 菜单，找到 605 号地址 SGS，确认其设置为"05，4"。

步骤 4　检查部件

确认线路和功能设置均无异常之后，检查部件是否异常。可以通过检查光幕或光眼电源灯和信号灯确认部件本身是否异常。发现异常时可对部件进行替换以判断故障点。

步骤 5　修复故障

（1）故障发生在线路的，修复相应的线路并检查线路或插件失效的原因，如开关门时光幕的线路是否被门扇、摆臂等刮擦。

（2）故障发生在部件的，更换相应的部件并参考控制系统调试说明书调试至正常。

注意事项

1. 乘客保护装置接线要点：低电位有效，常闭，串联；高电位有效，常开，并联。一般采用低电位有效。

2. 在修理故障的过程中，应严格执行锁闭或验电程序，防止短路或触电事件发生。

培训单元 2　轿厢称重装置诊断修理

能够对开关式称重装置故障进行诊断修理
能够对电子式称重装置故障进行诊断修理
能够对与称重装置相关的功能故障进行诊断修理

一、开关式称重装置故障

开关式称重装置安装于轿架托盘上，由于轿厢载重量变化导致轿厢下沉进而触碰到不同的开关，因此开关式称重装置间接测量了轿厢的载重量变化。

1. 称重开关调整不当

开关式称重装置的开关易受轿厢变形的影响，可能出现功能异常的情况，因此需要经常对其进行检查并调整。

2. 机械开关损坏

开关式称重装置有两种，一种有三个机械开关（见图2-41a），另一种有五个机械开关（见图2-41b）。当开关式称重装置行程调整错误时，轿厢下沉过量而挤压机械开关使其损坏。

图2-41　开关式称重装置
a）三个机械开关　b）五个机械开关

二、电子式称重装置故障

电子式称重装置可以安装在机房轿厢侧钢丝绳绳头（见图2-42a）上、轿顶反绳轮（见图2-42b）上、轿底（见图2-42c）上或直接卡在轿厢侧钢带（见图2-42d）上。当轿厢载重量发生变化时，轿厢侧钢丝绳张力发生变化或轿厢下沉，电子式称重装置的传感器检测到压力变化，间接测量了轿厢的载重量变化。

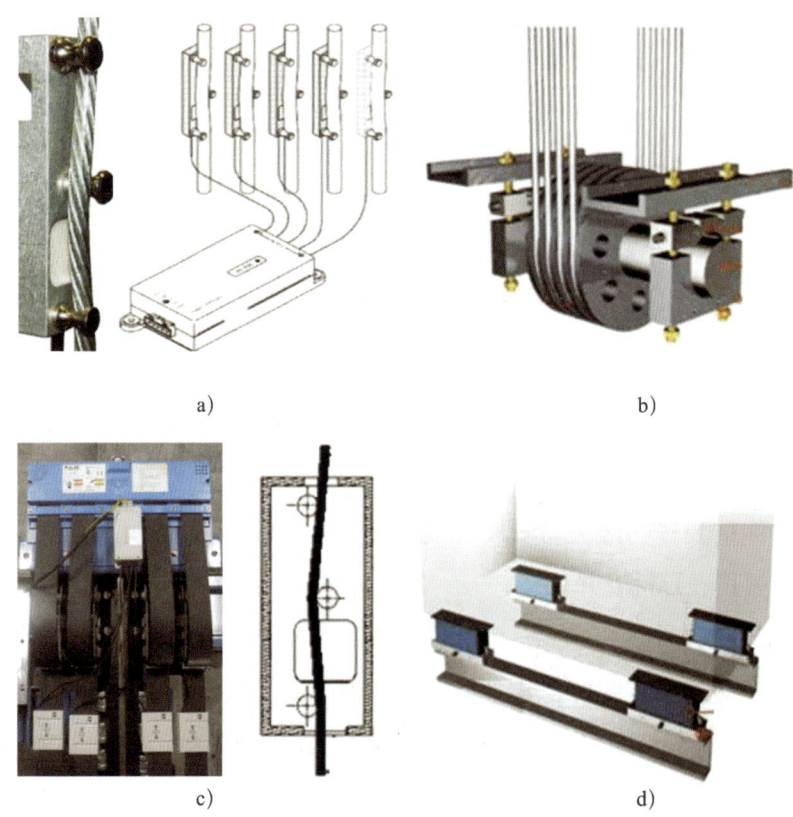

图2-42 电子式称重装置的安装位置
a）轿厢侧钢丝绳绳头 b）轿顶反绳轮 c）轿底 d）轿厢侧钢带

1. 称重传感器异常

传感器多为霍尔传感器，安装或调整错误会导致其称重数据错误，给出错误的载重量信息，此时需要重新调整并进行称重自学习。

2. 称重装置异常

电子式称重装置是独立的控制器，其自身原因的异常也会导致传给控制系统的载重量信息是错误的，此时需要对其进行调试。

三、与称重装置相关的功能故障

1. 防捣乱功能异常

防捣乱功能是指当轿厢载重量较小时,限定轿内登记指令的数量,防止误按、多按的功能。通常轻载重量设置为额定载重量的 5%~10%,指令限定数量一般设置为 3~5 个。当轻载开关失效或设置异常时,防捣乱功能失效,轿厢内可以随意登记指令。

2. 力矩补偿异常

部分驱动系统的启动力矩采用闭环控制,需要实时监测轿厢的载重量以给出合适的预转矩。当预转矩开关失效或失准时,电梯启动的舒适感会受影响,启动时会让梯内乘客有倒溜或顿挫的感觉。

3. 高峰钟失效

当轿厢载重量维持在某一数值以上连续运行时,说明电梯进入使用高峰期,可以把此状态作为高峰钟,定时封层按流量合理化派梯。通常高峰钟的载重量一般设置为额定载重量的 50%~80%。当高峰开关失效或设置异常时,电梯的流量控制功能将会失效。

4. 满载及直驶异常

当轿厢载重量达到或即将到达额定载重量时,轿厢不应再响应外呼指令,应只响应轿厢指令;当轿厢载重量下降到额定载重量以下时,再恢复对外呼指令的响应。当满载开关失效或设置异常时,电梯仍旧响应外呼指令而不直驶,运输效率会降低。同时,应在外呼盒显示板上显示满载,以提醒厅外乘客耐心等待或使用其他电梯。

5. 超载及超载警示异常

当轿厢的载重量超过额定载重量的 10% 时,轿厢应保持开门状态,轿内显示板显示超载,蜂鸣器报警,提醒轿内乘客已经超载,电梯无法继续运行。当超载开关失效或设置异常时,电梯超载依旧关门运行,存在重大安全隐患,严重时会导致电梯蹲底、剪切等事故的发生。

通用机械式称重装置故障诊断修理

操作步骤

步骤1 确认故障

对于机械式称重装置,通常根据故障现象判断是哪个称重开关异常,并进行维修。当然,前提是先了解控制系统本身配置了哪些功能开关,通常有两种配置:第一种,三个开关,分别是防捣乱开关、满载开关、超载开关;第二种,五个开关,分别是防捣乱开关、预转矩开关、高峰开关、满载开关、超载开关。

步骤2 检查线路

(1)查阅图样。以西子一体机为例,查看"操纵箱回路"。

(2)测量功能开关线路。对功能故障现象指定的回路进行测量、检查。最好是两人配合作业,将电梯运行到最底层,一名施工人员在轿顶测量,另一名施工人员在底坑操作开关。

机械式称重开关接线图如图2-43所示,配置三个开关。

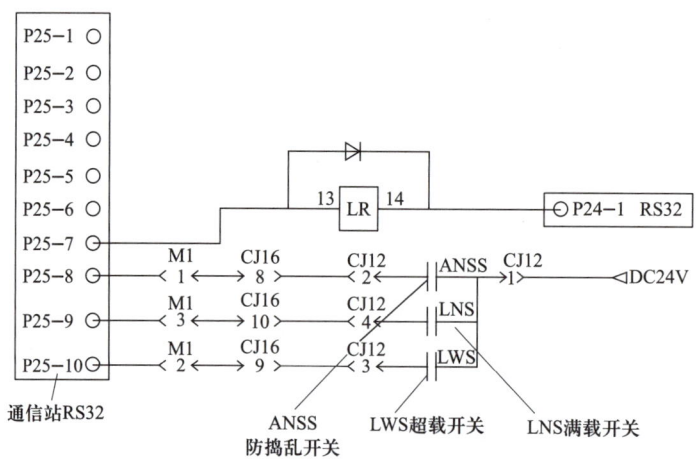

图2-43 机械式称重开关接线图

称重开关的公共信号线路:从控制柜开关电源DC 24 V出发,经控制柜线路、控制柜插件、随行电缆、轿顶接线箱插件CJ12-1,经轿顶、轿厢、轿底线路,形成三个开关分支。

ANSS 防捣乱开关线路：从公共电源 DC 24 V 出发，经过此开关后，经轿底、轿厢、轿顶线路到轿顶接线箱插件 CJ12-2、CJ16-8，经轿厢线路、轿厢操纵箱插件 M1-1 到操纵箱远程通信站 RS32 板的 P25-8。

LNS 满载开关线路：从公共电源 DC 24 V 出发，经过此开关后，经轿底、轿厢、轿顶线路到轿顶接线箱插件 CJ12-4、CJ16-10，经轿厢线路、轿厢操纵箱插件 M1-3 到操纵箱远程通信站 RS32 板的 P25-9。

LWS 超载开关线路：从公共电源 DC 24 V 出发，经过此开关后，经轿底、轿厢、轿顶线路到轿顶接线箱插件 CJ12-3、CJ16-9，经轿厢线路、轿厢操纵箱插件 M1-2 到操纵箱远程通信站 RS32 板的 P25-10。

（3）测量功能显示线路。当功能有效但功能指示异常时，应检查其显示线路。外呼串行通信线路如图 2-44 所示，内呼串行通信线路如图 2-45 所示。满载显示位于外呼盒显示板，而超载显示位于轿厢操纵箱显示板。在采用电压法对通信线路进行排查时，务必保证以下两点。

第一，通信电源电压理论上为 DC 24 V，但实际上一般为 DC 18～27 V。通信站越远，此电压会越低。凡不在此范围的通信电源电压都会导致通信异常。

第二，通信线电压为差分电压，理论上为 DC 0.5 V，但实际上一般为 DC 0.3～0.8 V。凡不在此范围的通信线电压也会导致通信数据丢失。

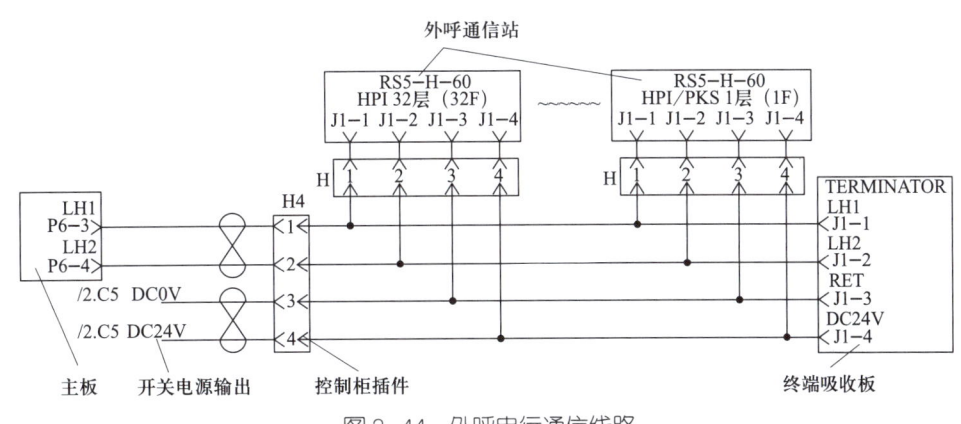

图 2-44 外呼串行通信线路

外呼通信线路：通信电源直接来自开关电源输出侧的 DC 24 V，通信线路来自主板 P6-3 和 P6-4，接入控制柜插件 H4-1、H4-2、H4-3 和 H4-4，通过井道电缆接入最顶层到最底层的终端吸收板 J1-1、J1-2、J1-3 和 J1-4 并终止；在 H4 和终端吸收板插件之间，由各层站外呼通信的井道插件 H-1、H-2、H-3 和 H-4 输出到各层的外呼通信站插件 J1-1、J1-2、J1-3 和 J1-4。

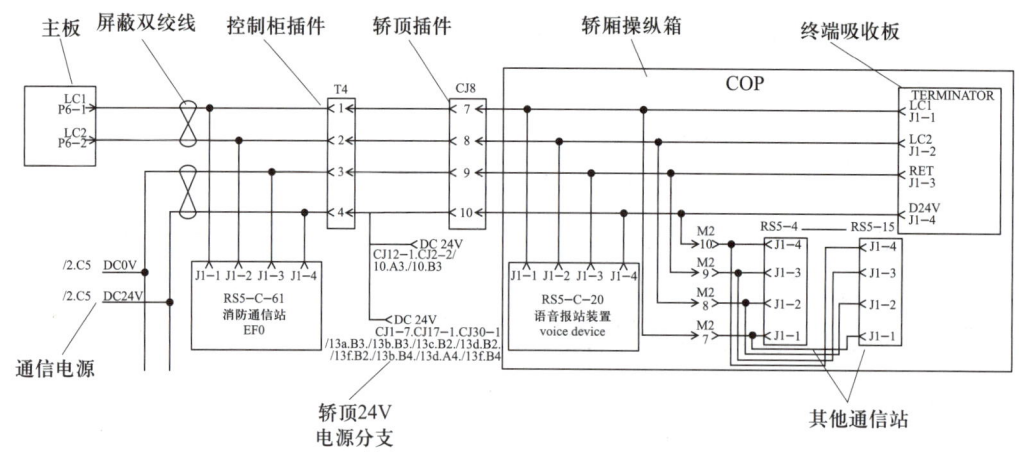

图 2-45 内呼串行通信线路

轿厢通信线路（即内呼串行通信线路）：通信电源直接来自开关电源输出侧的 DC 24 V，通信线路来自主板 P6-1 和 P6-2，接入控制柜插件 T4-1、T4-2、T4-3 和 T4-4；消防通信站 RS5-C-61 的 J1-1、J1-2、J1-3 和 J1-4 在两者之间，说明其线路并入 T4-1、T4-2、T4-3 和 T4-4；从插件 T4-1、T4-2、T4-3 和 T4-4 出发经随行电缆到达轿顶插件 CJ8-7、CJ8-8、CJ8-9 和 CJ8-10，再到终端吸收板 J1-1、J1-2、J1-3、和 J1-4 终止；在轿顶插件和终端吸收板之间，有语音报站装置 RS5-C-20 的分支线路，以及到达 COP 插件 M2-7、M2-8、M2-9 和 M2-10 的分支线路，这两个分支线路均由插件 CJ8-7、CJ8-8、CJ8-9 和 CJ8-10 分出；所有与 COP 指令、显示、操作功能相关的其他通信站，都从插件 M2-7、M2-8、M2-9 和 M2-10 分出。

步骤 3　检查功能

（1）检查通信站设置。对于已经在用的电梯，一般不考虑通信板的设置存在问题。若是更换通信板导致功能异常，则可以进行检查。对于西子一体机来说，满载显示信号地址为 "5"，其对应的 RS5 板拨码应为 "000101"。

（2）检查主板设置。对于已经在用的电梯，一般不考虑主板参数的设置存在问题。若是更换主板导致功能异常，则可以进行检查。对于西子一体机来说，一般需要确认功能参数和载重开关信号地址的设置。例如，对防捣乱参数设置进行检查，在服务器上依次按 "M-1-3-1-2" 进入 OCSS 菜单，找到 ANSS 防捣乱设置，0 为无防捣乱功能，超过指令数（大于 0 的设置值）取消所有轿厢指令，如设置值为 3，载重开关 ANSS 未动作时（一般不大于 10% 的额定载重量），指令数超过三个后，取消所有轿厢指令；对 ANSS 地址设置进行检查，在服务器上依次按

"M-1-3-2"进入 RSL 菜单，找到 7 号地址 ANSS，确认其设置为 "04，1"。

步骤 4　检查部件

确认线路和功能设置均无异常之后，检查部件是否异常。可以通过替换法确认称重开关、通信板、显示屏本身是否异常。

步骤 5　修复故障

（1）故障发生在线路的，修复相应的线路并查找原因，如进出轿顶时是否踩坏了轿顶接线箱到门机的线路，开、关轿厢操纵箱时是否弄坏了轿顶到操纵箱的线路。

（2）故障发生在部件的，更换相应的部件并参考控制系统调试说明书调试至正常。

通用电子式称重装置故障诊断修理

操作步骤

步骤 1　确认故障

对于电子式称重装置，通常根据故障现象判断是哪个称重开关异常，并进行维修。一般电子式称重装置独立于电梯控制系统，有故障记录供维修人员查看，有的也会通过串行通信线路将称重信息传递给电梯控制系统。因此，可以结合故障记录和故障现象进行判断。例如，对于 DTZZⅢ-SK 系列称重装置来说，在正常使用过程中，若仪器显示 666，则说明称重数据已经异常；随着楼层的升高和载重量的增加，称重数据却不变，也说明称重装置存在异常情况。再如，对于奥的斯电梯的电子式称重装置来说，其传感器安装在轿底、有独立控制板的，在服务器上选择 "LWB"，依次按 "M-2" 进入 Events 菜单，可以查看故障记录，如故障代码为 "sensor lost"，故障解释为称重传感器异常；其传感器安装在钢带或钢丝绳上的，其控制板把数据直接传递给变频器，在服务器上选择变频器，依次按 "M-2-1-1" 进入 Events log 菜单，可以查看是否有与称重相关的故障，如故障代码为 "LWSS Bad Val"，故障解释为称重数据异常。

步骤 2　检查线路

（1）查阅图样。以西子一体机配置 DTZZⅢ-SK 系列称重装置的货梯为例，查看称重装置对应的功能图区 "称重装置电路"。

（2）测量功能开关线路。一体机只需三个信号，由称重装置测量并给出，并通过 RSL 通信传递给主板。当称重数据出现异常时，应对功能故障现象指定的回路进行测量、检查。

绕绳方式不同，称重装置的安装位置不同。

1）2:1 绕法。采用 2:1 绕法时，称重传感器安装于机房轿厢绳头侧，称重装置安装于机房。2:1 绕法的绳头称重装置接线图如图 2-46 所示，RS5-61 通信站线路如图 2-47 所示。

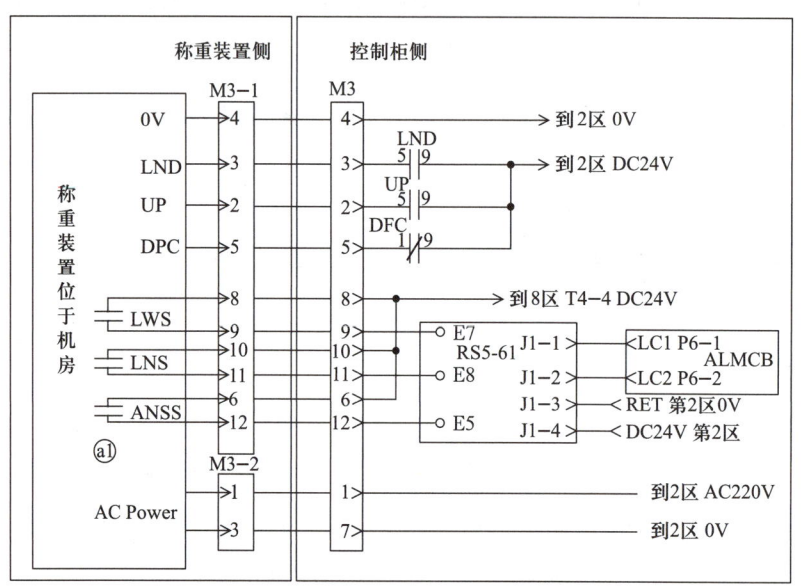

图 2-46 2:1 绕法的绳头称重装置接线图

称重信号的公共信号线路：从控制柜开关电源 DC 24 V 出发，经控制柜线路到控制柜插件 T4-4，再经控制柜线路到控制柜插件 M3-8，并分支到 M3-10、M3-6。

ANSS 防捣乱开关线路：从控制柜插件 M3-6 出发，经控制柜线路到称重装置插件 M3-1-6，经称重装置内部线路到 ANSS 常开触点，经称重装置内部线路到插件 M3-1-12，经控制柜线路、控制柜插件 M3-12 到控制柜内远程通信站 RS5-61 的 E5。

LNS 满载开关线路：从控制柜插件 M3-10 出发，经控制柜线路到称重装置插

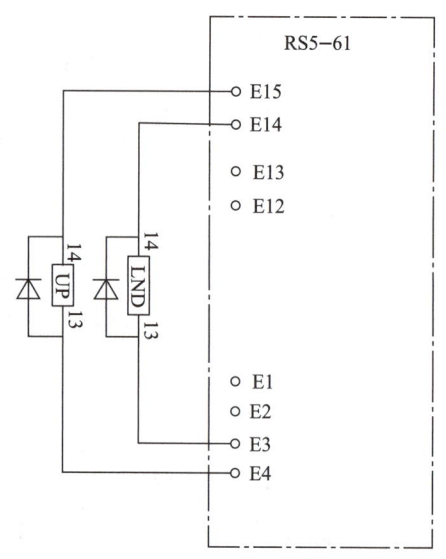

图 2-47 RS5-61 通信站线路

件 M3-1-10，经称重装置内部线路到 LNS 常开触点，经称重装置内部线路到插件 M3-1-11，经控制柜线路、控制柜插件 M3-11 到控制柜内远程通信站 RS5-61 的 E8。

LWS 超载开关线路：从控制柜插件 M3-8 出发，经控制柜线路到称重装置插件 M3-1-8，经称重装置内部线路到 LWS 常开触点，经称重装置内部线路到插件 M3-1-9，经控制柜线路、控制柜插件 M3-9 到控制柜内远程通信站 RS5-61 的 E7。

另外，需要对称重装置的信号进行测量和确认。

LND 门区信号线路：电源直接来自开关电源输出侧的 DC 24 V，经控制柜内 LND 继电器的常开触点（5，9）到控制柜插件 M3-3，经控制柜线路到称重装置插件 M3-1-3，并接入称重装置。

LND 门区信号继电器驱动线路：电源来自通信板 RS5-61 的 E14（DC 24 V），经控制柜线路接到 LND 继电器的 +（14），从 LND 继电器的 -（13）输出，经控制柜线路接到 RS5-61 的输出点 E3。因此，LND 门区信号控制点的地址为"61，3"。当主板输出此地址的电压为 0 V 时，LND 继电器吸合。

UP 上行信号线路：电源直接来自开关电源输出侧的 DC 24 V，经控制柜内 UP 继电器的常开触点（5，9）到控制柜插件 M3-2，经控制柜线路到称重装置插件 M3-1-2，并接入称重装置。

UP 上行信号继电器驱动线路：电源来自通信板 RS5-61 的 E15（DC 24 V），经控制柜线路接到 UP 继电器的 +（14），从 UP 继电器的 -（13）输出，经控制柜线路接到 RS5-61 的输出点 E4。因此，UP 上行信号控制点的地址为"61，4"。当主板输出此地址的电压为 0 V 时，UP 继电器吸合。

DFC 门锁信号线路：电源直接来自开关电源输出侧的 DC 24 V，经控制柜内 DFC 继电器的常闭触点（1，9）到控制柜插件 M3-5，经控制柜线路到称重装置插件 M3-1-5，并接入称重装置。

DFC 门锁接触器驱动线路：电源来自门锁回路，门锁回路末端接入 DFC 接触器，其零线接入控制柜地线端子排（汇流条）。因此，门锁回路接通，则 DFC 接触器吸合。

2）1∶1 绕法。采用 1∶1 绕法时，称重传感器安装于轿顶绳头侧，称重装置安装于轿顶。1∶1 绕法的绳头称重装置接线图如图 2-48 所示，RS5-4 通信站线路如图 2-49 所示。

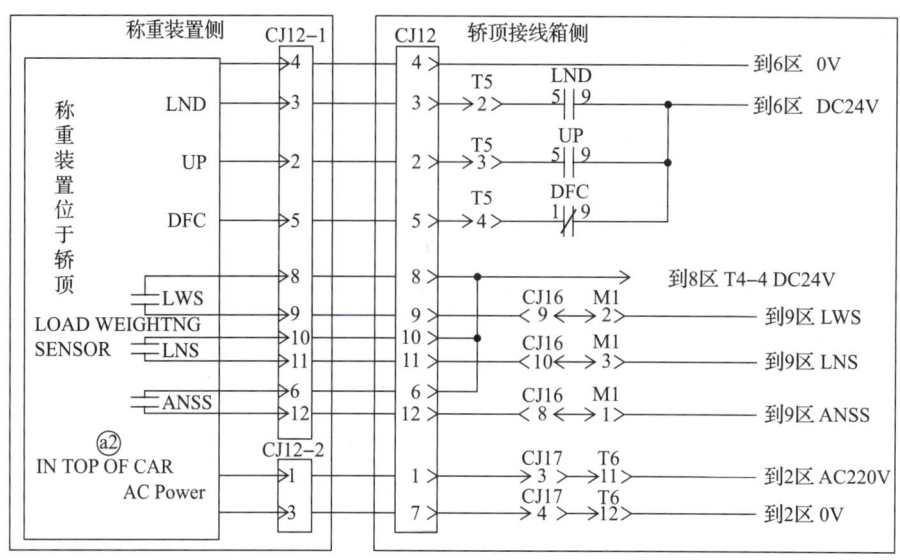

图2-48 1:1绕法的绳头称重装置接线图

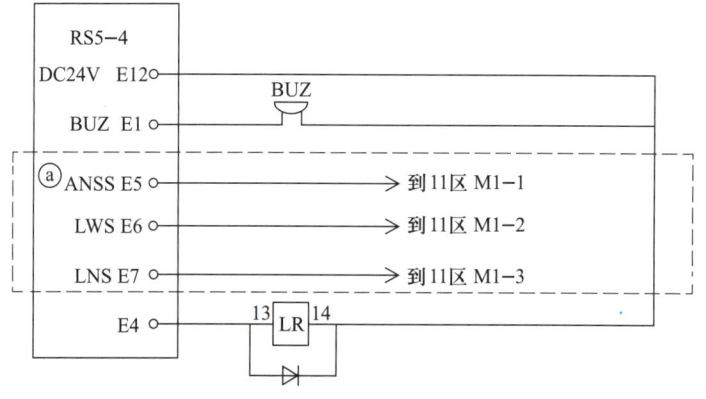

图2-49 RS5-4通信站线路

称重信号的公共信号线路：从控制柜开关电源DC 24 V出发，经控制柜线路到控制柜插件T4-4，经随行电缆到轿顶接线箱插件CJ12-8，并分支到CJ12-10、CJ12-6。

ANSS防捣乱开关线路：从轿顶接线箱插件CJ12-6出发，经轿顶线路到称重装置插件CJ12-1-6，经称重装置内部线路到ANSS常开触点，经称重装置内部线路到CJ12-1-12，经轿顶线路到轿顶插件CJ12-12、CJ16-8，经轿顶、轿厢线路、操纵箱插件M1-1输出到操纵箱内远程通信站RS5-4的E5。

LNS满载开关线路：从轿顶接线箱插件CJ12-10出发，经轿顶线路到称重装置插件CJ12-1-10，经称重装置内部线路到LNS常开触点，经称重装置内部线路到CJ12-1-11，经轿顶线路到轿顶插件CJ12-11、CJ16-10，经轿顶、轿厢线路、操纵箱插件 M1-3 输出到操纵箱内远程通信站 RS5-4 的 E7。

LWS 超载开关线路：从轿顶接线箱插件 CJ12-8 出发，经轿顶线路到称重装置插件 CJ12-1-8，经称重装置内部线路到 LWS 常开触点，经称重装置内部线路到 CJ12-1-9，经轿顶线路到轿顶插件 CJ12-9、CJ16-9，经轿顶、轿厢线路、操纵箱插件 M1-2 输出到操纵箱内远程通信站 RS5-4 的 E6。

另外，需要对称重装置的信号进行测量和确认。

LND 门区信号线路：电源直接来自开关电源输出侧的 DC 24 V，经控制柜内 LND 继电器的常开触点（5，9）到控制柜插件 T5-2，经随行电缆到轿顶接线箱插件 CJ12-3，经轿顶线路到称重装置插件 CJ12-1-3，并接入称重装置。

UP 上行信号线路：电源直接来自开关电源输出侧的 DC 24 V，经控制柜内 UP 继电器的常开触点（5，9）到控制柜插件 T5-3，经随行电缆到轿顶接线箱插件 CJ12-2，经轿顶线路到称重装置插件 CJ12-1-2，并接入称重装置。

DFC 门锁信号线路：电源直接来自开关电源输出侧的 DC 24 V，经控制柜内 DFC 继电器的常闭触点（1，9）到控制柜插件 T5-4，经随行电缆到轿顶接线箱插件 CJ12-5，经轿顶线路到称重装置插件 CJ12-1-5，并接入称重装置。

LND 门区信号继电器驱动线路、UP 上行信号继电器驱动线路和 DFC 门锁接触器驱动线路均在控制柜内，具体参考"2:1 绕法"的相关内容。

（3）测量功能显示线路。当功能有效但功能指示异常时，应检查其显示线路。具体参考"通用机械式称重装置故障诊断修理"的相关内容。

步骤 3　检查功能

（1）检查通信站设置。对于已经在用的电梯，一般不考虑通信板的设置存在问题。若是更换通信板导致功能异常，则可以进行检查。

（2）检查主板设置。对于已经在用的电梯，一般不考虑主板的设置存在问题。若是更换主板导致功能异常，则可以进行检查。

（3）检查称重装置设置。应客户要求需要修改载重功能时，可参考使用说明书进行调整。

例如，出厂轻载动作点默认设置为额定载重量的10%，如果现场需要对轻载动作点重新设置，可在正常工作状态下（电梯为空载）按住清零按钮（2 s 内）。听到一声短响后，立即将设定开关往上扳；听到一声长响后，按清零按钮即可调节轻载动作点。轻载动作点的显示数值一般为 002～050（循环显示），调至所需的轻载动作点后，扳下设定开关，退出设置状态。

步骤4 检查部件

确认线路和功能设置均无异常之后,检查部件是否异常。可以通过替换法确认称重传感器、称重主控板、通信板等本身是否异常。

步骤5 修复故障

(1) 故障发生在线路的,修复相应的线路并查找原因。

(2) 故障发生在部件的,更换相应的部件并参考控制系统调试说明书调试至正常。

注意事项

1. 称重装置安装在机房和轿顶时,其对应的功能地址或接线方式会存在差异,维修时应看清图样,以免因读图错误造成不必要的工时浪费。

2. 在操作通信板拨码开关(见图2-50a)时,应进行换算。例如,将通信板地址拨为"61",其对应的二进制(BIN)拨码有六位,则需要进行十进制(DEC)转二进制的计算。为了避免计算出错,可以使用程序员计算器直接转换,如图2-50b所示,其中HEX代表十六进制,OCT代表八进制。

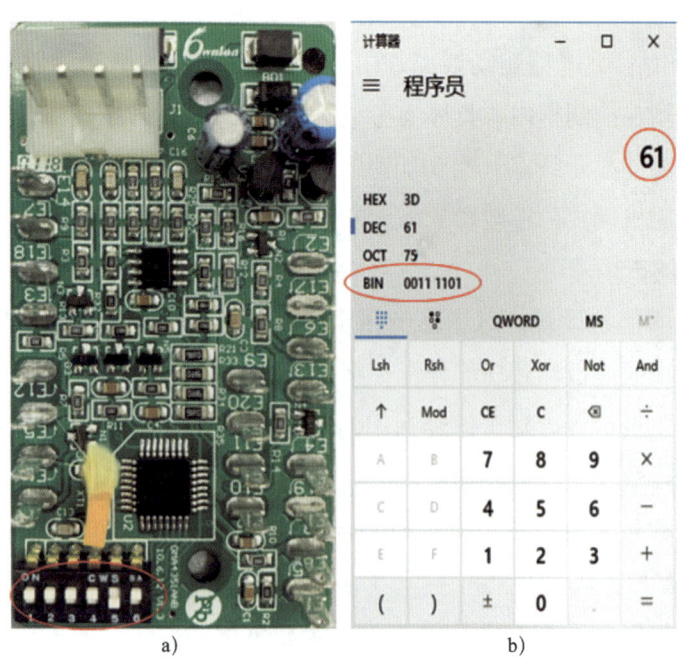

图2-50 通信板和程序员计算器
a) 通信板 b) 程序员计算器

培训项目 4 自动扶梯设备诊断修理

培训单元 1　扶手带驱动装置和扶手带诊断修理

能够对扶手带进行更换
能够对扶手带驱动轴进行更换

站立在梯级上的乘客,特别是老年人,因为他们脚下的梯级是运动的,所以他们会感到紧张而双手紧握扶手带。如果此时扶手带的运行滞后于梯级,势必使乘客双手相对于身体的位置发生变化。随着相对距离变大,紧张的心理会使乘客更紧地握住扶手带,直到身体发生扭转而跌倒。因此,为了降低此风险,需要对扶手带与梯级之间的速度差进行限制,保证乘客双手与身体之间的距离不会发生较大的变化。

一、扶手带松紧程度要求

扶手带过松,其运行速度会低于梯级,导致乘客乘坐自动扶梯时后仰摔倒。另外,扶手带过松,自动扶梯运行时易出现卡顿现象,也会导致乘客摔倒。

扶手带过紧，扶手带与扶手导轨之间的挤压力过大，在自动扶梯运行时因摩擦而产生的热量较大，会降低扶手带的使用寿命，严重时甚至会拉断扶手带。

检查方法：在扶梯下弯处取出扶手带，使扶手带"浮"在扶手导轨上，应确保扶手带可以在扶手导轨上自由滑动。在下弯处用手压扶手带，使扶手带与扶手导轨表面贴合。如果扶手带很容易就与扶手导轨表面贴合，则说明扶手带太松；如果扶手带很难与扶手导轨表面贴合，则说明扶手带太紧。扶手带松紧程度示意如图 2-51 所示。

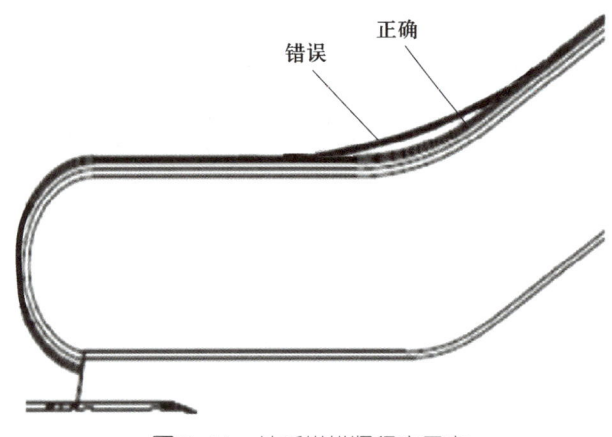

图 2-51　扶手带松紧程度示意

二、扶手带速度偏差要求

根据 TSG T 7005《电梯监督检验和定期检验规则——自动扶梯与自动人行道》附件 A 第 10.2 条的规定，扶手带的运行速度相对于梯级、踏板或胶带实际速度的允许偏差为 0～+2%。应用同步率测试仪分别测量左右扶手带和梯级、踏板或胶带的运行速度，检查是否符合要求。

根据 TSG T7005 附件 A 第 6.9 条的规定，应设置扶手带速度监测装置，在自动扶梯或自动人行道运行时，当扶手带速度偏离梯级、踏板或者胶带实际速度 -15% 且持续时间超过 15 s 时，该装置应使自动扶梯或自动人行道停止运行。可通过模拟动作试验进行检测。

技能要求

更换扶手带

操作准备

做好防护工作,准备作业所需工具。

操作步骤

步骤1　拆除围裙板和内侧盖板、防夹装置,如图2-52所示。

图2-52　拆除围裙板和内侧盖板、防夹装置

步骤2　拆除扶手带入口装置(注意观察是否存在塑料前板破损、不锈钢前板紧固螺栓的螺纹滑牙或损坏及弹簧夹螺母破损的情况),如图2-53所示。

步骤3　拆除适当数量的梯级(一般拆除三个及以上),如图2-54所示。

步骤4　断电锁闭(见图2-55a),机械锁闭(见图2-55b)。

步骤5　拆除扶手带速度监测装置,如图2-56所示。

图2-53　拆除扶手入口总成

图2-54　拆除适当数量的梯级

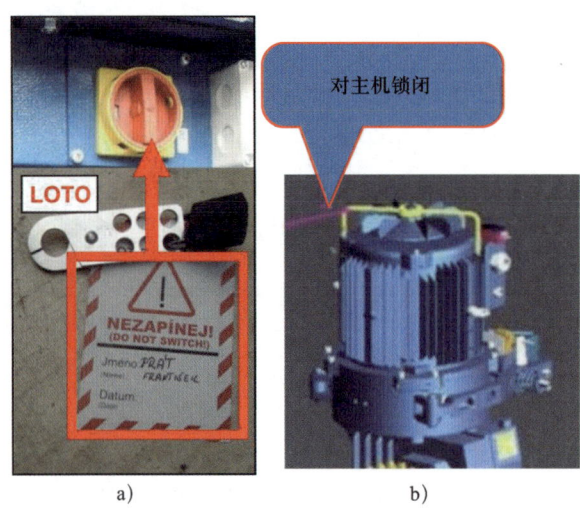

图 2-55 断电锁闭及机械锁闭

a)断电锁闭 b)机械锁闭

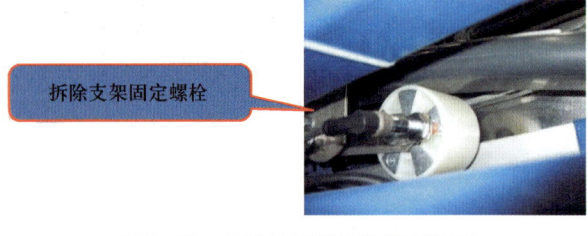

图 2-56 拆除扶手带速度监测装置

步骤6 释放扶手带张紧装置,用扳手拧松扶手带驱动轮弹簧的锁紧螺母和调节螺母,如图 2-57 所示。

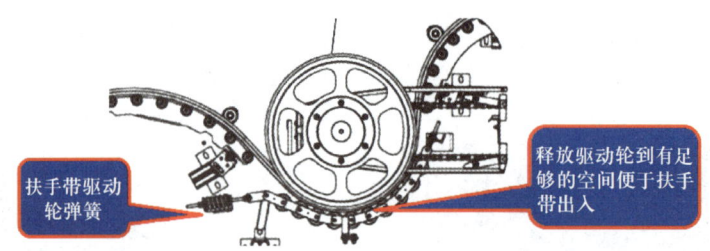

图 2-57 释放扶手带张紧装置

步骤7 松掉扶手带张紧装置的螺栓,使之可以沿着腰孔移动,如图 2-58 所示。

步骤8 拆除摩擦轮(见图 2-59a)及防偏轮(见图 2-59b)。

步骤9 用专用工具拆除旧扶手带,如图 2-60 所示。

步骤10 安装新扶手带,注意应确保新扶手带不与其他物体刮擦,如图 2-61 所示。

职业模块 2　　诊断修理

图 2-58　松掉扶手张紧装置的螺栓

a)　　　　　　　　　　　　　　b)

图 2-59　拆除摩擦轮及防偏轮

a）摩擦轮　b）防偏轮

从下弯段
开始拆卸

图 2-60　用专用工具拆除旧扶手带

图 2-61　安装新扶手带

步骤 11 安装摩擦轮，如图 2-62 所示。

图 2-62 安装摩擦轮

步骤 12 压紧扶手带张紧装置如图 2-63 所示，安装防偏轮，如图 2-64 所示。

图 2-63 压紧扶手张紧装置　　　　图 2-64 安装防偏轮

步骤 13 安装扶手带入口装置，如图 2-65 所示。

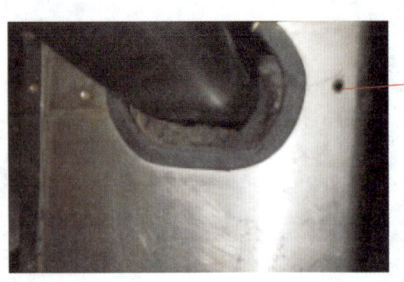

配螺栓

图 2-65 安装扶手带入口装置

步骤 14 紧固扶手带张紧装置的螺栓。

步骤 15 解除锁闭并复位其他部件，测试运行。

更换扶手带驱动轴

操作准备

做好防护工作,准备作业所需工具。

操作步骤

步骤 1 断电锁闭(见图 2-66)后控制自动扶梯到达适合作业的位置,在下机房拆除梯级,如图 2-67 所示。

图 2-66 断电锁闭

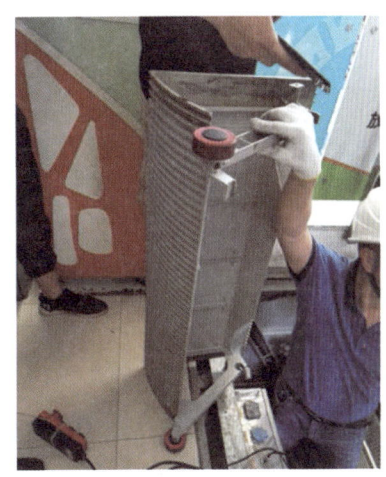

图 2-67 拆除梯级

步骤 2 将拆下的 10 个梯级按序码放,如图 2-68 所示。

步骤 3 扒开扶手带,使扶手带完全脱离扶手导轨,如图 2-69 所示。

图 2-68 按序码放梯级

图 2-69 扒开扶手带

步骤4　机械锁闭,并在自动扶梯内供施工人员站立的位置垫防滑布。

步骤5　按图2-70中a、b、c、d四处位置测量相关数据。

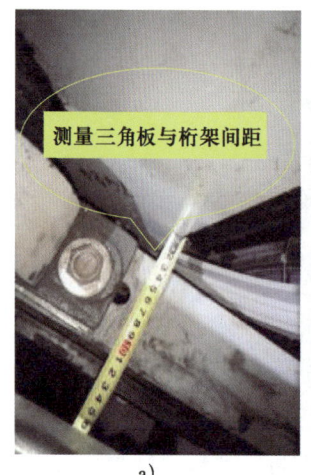
a)

b)

c)

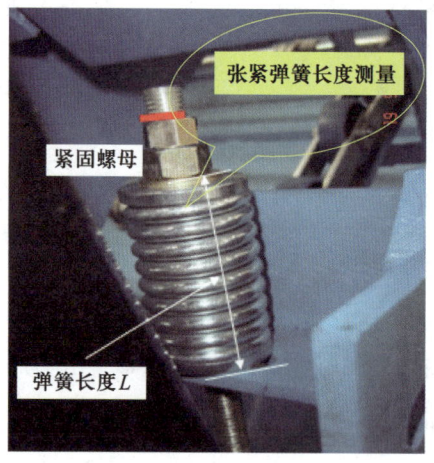
d)

图2-70　测量位置

a) 位置a　b) 位置b　c) 位置c　d) 位置d

步骤6　标记位置,如图2-71所示。

步骤7　拆下梯级压轨,拆时注意安全,如图2-72所示。

步骤8　拆下扶手带驱动链条,如图2-73所示。

步骤9　拆下扶手带驱动轴承座的紧固螺栓,如图2-74所示。

步骤10　在部件上标记左右(见图2-75),拆下轴承座(见图2-76),取下旧扶手带驱动轴(见图2-77)。

图 2-71　标记位置 ← 在扶手带压轨上做好标记

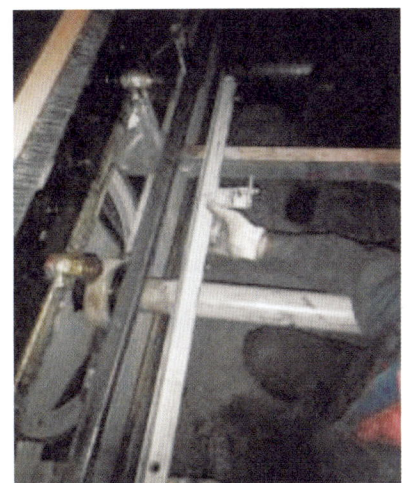

图 2-72　拆下梯级压轨

图 2-73　拆下扶手带驱动链条

图 2-74　拆下扶手带驱动轴承座的紧固螺栓

图 2-75　在部件上标记左右

标记左右

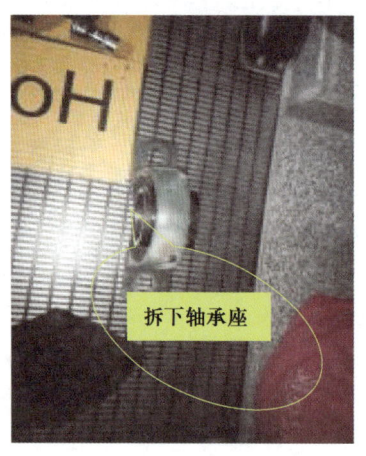
图 2-76 拆下轴承座

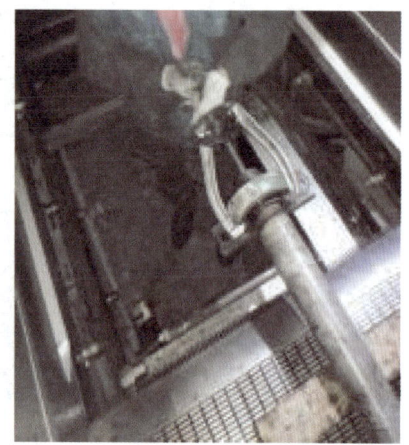
图 2-77 取下旧扶手带驱动轴

步骤 11 将轴承座安装到新扶手带驱动轴上。

步骤 12 根据标记位置安装新扶手带驱动轴,如图 2-78 所示。

步骤 13 复位其他部件。

步骤 14 解除锁闭,如图 2-79 所示,测试运行。

图 2-78 根据标记位置安装新扶手带驱动轴

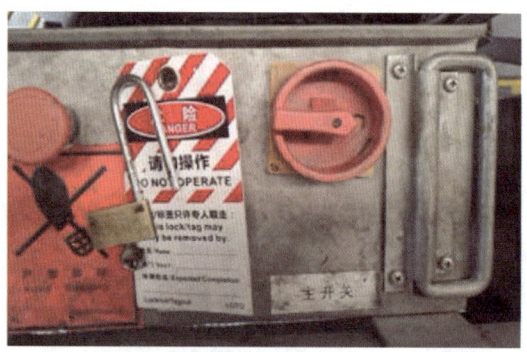
图 2-79 解除锁闭

培训单元 2　驱动链条诊断修理

能够对驱动链条进行更换

国家标准 GB 16899 第 5.4.1.3 条规定：工作制动器与梯级、踏板或胶带驱动装置之间的连接应优先采用非摩擦传动元件，如轴、齿轮、多排链条、两根或两根以上的单排链条；如果采用摩擦元件如三角传动皮带时（不允许使用平皮带），应采用一个符合 5.4.2.2 规定的附加制动器。多排链条如图 2-80 所示，三角传动皮带如图 2-81 所示。

图 2-80　多排链条

图 2-81　三角传动皮带

> **技能要求**

更换驱动链条

操作准备

做好作业防护,准备作业所需工具。

操作步骤

步骤1 找到驱动链条连接处,如图2-82所示,拆除开口销。

步骤2 拆除旧驱动链条的连接片,如图2-83所示。

图2-82 找到驱动链条连接处

图2-83 拆除旧驱动链条的连接片

步骤3 串联新旧驱动链条,如图2-84所示。

步骤4 手动盘车至适合操作的位置,如图2-85所示。

步骤5 安装驱动链条的连接片(见图2-86)及开口销。

步骤6 调整驱动主机的定位螺栓使驱动链条张紧,如图2-87所示。

步骤7 再次确认驱动主机位置,检查齿轮与驱动链条是否平行,如图2-88所示。

步骤8 测试运行,如图2-89所示。

图 2-84　串联新旧驱动链条

图 2-85　手动盘车

图 2-86　安装驱动链条的连接片

图 2-87　调整定位螺栓

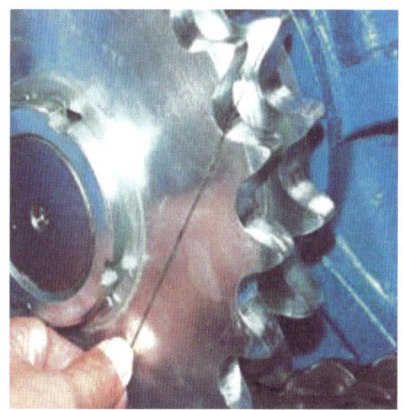
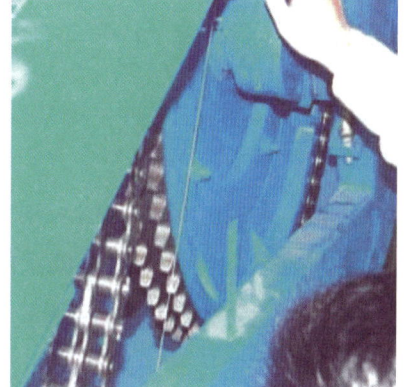

图 2-88　检查齿轮与链条是否平行

图 2-89 测试运行

培训单元 3 驱动主机诊断修理

能够对驱动主机进行更换

常见驱动主机根据结构分为立式驱动主机（见图 2-90）和卧式驱动主机（见图 2-91）。目前，大部分自动扶梯采用立式驱动主机（采用蜗轮蜗杆减速机构），这种主机电动机轴的伸出端是垂直放置的，通过弹性体将电动机能量传递给蜗杆。卧式驱动主机的减速机构一般采用齿轮减速箱，这种主机电动机轴的伸出端是水平放置的，一般由三角传动皮带传递能量给减速箱。

图 2-90 立式驱动主机

图 2-91 卧式驱动主机

技能要求

更换驱动主机

操作准备
做好作业防护，准备作业所需工具。

操作步骤

步骤 1 拆卸驱动链条。首先拆除驱动链条连接处的开口销（见图 2-92），如果不好拆除，可以盘车将驱动链条盘到方便拆除的位置。

步骤 2 做好标记，确定驱动主机移动前的位置，如图 2-93 所示。

步骤 3 拆除驱动主机固定螺栓，如图 2-94 所示，此时驱动主机位置发生变化。

图 2-92 拆除驱动链条连接处的开口销

图2-93 确定驱动主机移动前的位置

步骤4 设置起吊装置并测试其可靠性,如图2-95所示。

图2-94 拆除驱动主机固定螺栓　　图2-95 设置起吊装置并测试其可靠性

步骤5 起吊旧驱动主机(见图2-96)使之悬空,将旧驱动主机吊出上机房。

步骤6 吊装新驱动主机。

步骤7 安装驱动链条。

步骤8 根据标记调整驱动主机固定螺栓;检查曳引链张紧程度(见图2-97),一般自然下垂量为 8~12 mm。

步骤9 调整驱动链条松紧程度。

步骤10 定位新驱动主机,确保新驱动主机的齿轮与驱动链条平行。

步骤11 复位其他部件,测试运行。

图2-96 起吊旧驱动主机

图2-97 检查曳引链张紧程度

培训单元4 制动器诊断修理

能够对制动器进行更换

一、自动扶梯制动器的分类

常见的自动扶梯制动器分为鼓式制动器（见图2-98）和带式制动器（见图2-99）。其中，鼓式制动器又分为单弹簧鼓式制动器（见图2-100）和双弹簧鼓式制动器（见图2-101）两种。

二、制动载荷与制动距离的要求

1. 制动载荷要求

（1）自动扶梯名义宽度与制动载荷的对照表见表2-1。

图 2-98 鼓式制动器

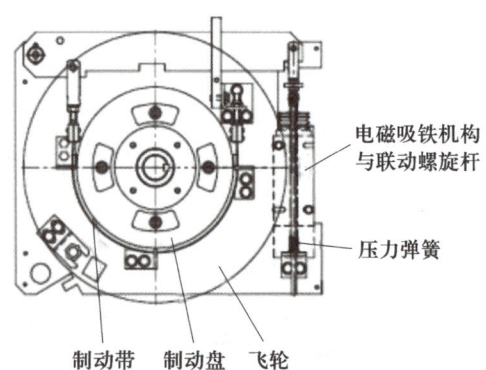

图 2-99 带式制动器

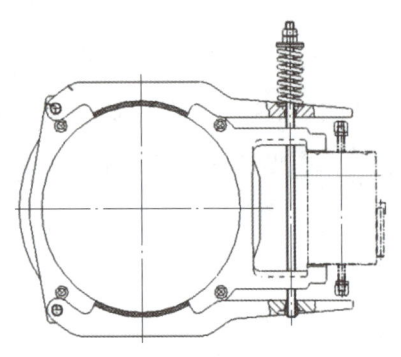

图 2-100 单弹簧鼓式制动器

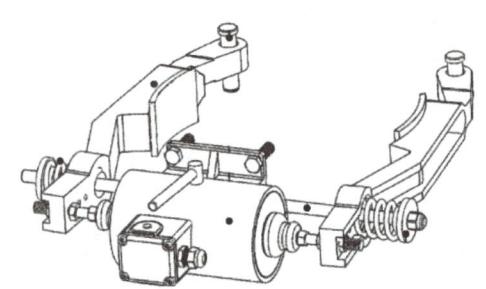

图 2-101 双弹簧鼓式制动器

表 2-1　自动扶梯名义宽度与制动载荷的对照表

名义宽度 z_1/m	每个梯级上的制动载荷 G/kg
$z_1 \leq 0.60$	60
$0.60 < z_1 \leq 0.80$	90
$0.80 < z_1 \leq 1.10$	120

进行有载测试时,所需砝码应均匀分布在 2/3 提升高度的梯级上。因砝码数量过多,堆放在梯级上可能存在危险,所以一般工地会用 50 kg/块的毛铁替代砝码。有载测试只在监督检验时进行。定期验收时无须进行有载测试,只需进行空载测试。

(2) 自动人行道名义宽度与制动载荷的对照表见表 2-2。

表 2-2　自动人行道名义宽度与制动载荷的对照表

名义宽度 z_1/m	每个梯级上的制动载荷 G/kg
$z_1 \leq 0.60$	50
$0.60 < z_1 \leq 0.80$	75
$0.80 < z_1 \leq 1.10$	100
$1.10 < z_1 \leq 1.40$	125
$1.40 < z_1 \leq 1.65$	150

2. 制动距离要求

自动扶梯或自动人行道的制动距离应符合表 2-3 和表 2-4 的要求。

表 2-3　空载和有载向下运行自动扶梯的制动距离要求

名义速度 v/m·s^{-1}	制动距离范围 /m
0.50	0.20 ~ <1.00
0.65	0.30 ~ <1.30
0.75	0.40 ~ <1.50

表 2-4　空载和有载水平运行或者有载向下运行自动人行道的制动距离要求

名义速度 v/m·s^{-1}	制动距离范围 /m
0.50	0.20 ~ <1.00
0.65	0.30 ~ <1.30
0.75	0.40 ~ <1.50
0.90	0.55 ~ <1.70

技能要求

更换制动臂

操作准备

做好作业防护,准备作业所需工具。

操作步骤

步骤1　拆卸旧制动臂,如图 2-102 所示。拆卸前应确认自动扶梯已经被有效制动。

步骤2　安装新制动臂,如图 2-103 所示。安装后调整制动器间隙至均匀一致,且符合厂家要求。

图 2-102　拆卸旧制动臂

图 2-103　安装新制动臂

更换制动衬

操作准备

做好作业防护,准备作业所需工具。

操作步骤

步骤1　拆卸制动臂。拆卸前应确认自动扶梯已经被有效制动。

步骤2　拆除制动臂上的旧制动衬(见图 2-104)。

步骤3　安装新制动衬并紧固螺栓,如图 2-105 所示。

图 2-104　旧制动衬

图 2-105　安装新制动衬并紧固螺栓

步骤 4　安装制动臂。安装后调整制动器间隙至均匀一致，且符合厂家要求。

更换制动器线圈

操作准备
做好作业防护，准备作业所需工具。

操作步骤
步骤 1　拆除制动器线圈的导线，如图 2-106 所示。

步骤 2　拆除制动臂。拆卸前应确认自动扶梯已经被有效制动。

步骤 3　拆除旧制动器线圈，如图 2-107 所示。

步骤 4　安装新制动器线圈，如图 2-108 所示。

步骤 5　安装制动臂。安装后调整制动器间隙至均匀一致，且符合厂家要求。

图 2-106　拆除制动器线圈的导线

图 2-107 拆除旧制动器线圈

图 2-108 安装新制动器线圈

制动器整体调整与测试

操作步骤

步骤1 调整制动器间隙

使用配套工具调整制动器间隙至符合厂家要求。首先采用塞尺对制动器线圈单侧间隙进行测量，如果不符合要求，拧松三颗螺栓进行调。

步骤2 调整制动力

调整制动臂的顶杆螺栓，使顶杆螺栓与制动器顶杆之间的距离为 1～1.5 mm，如图 2-109 所示。

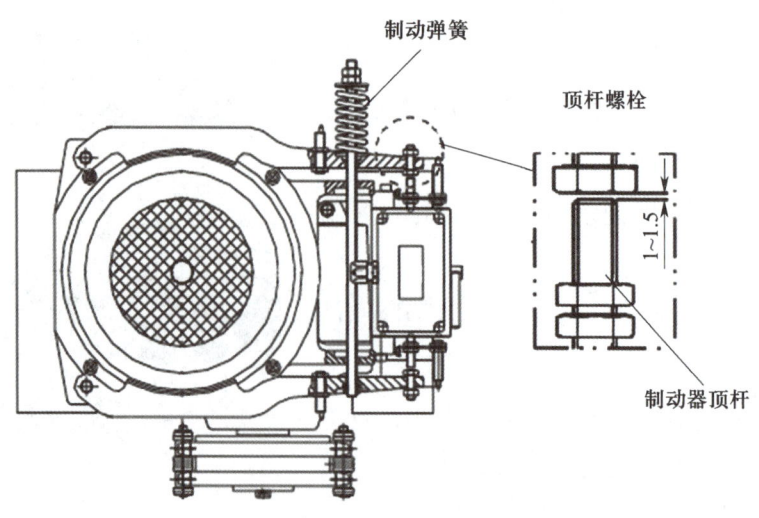
图 2-109 调整制动力

步骤 3 制动距离测试

用卷尺测量制动距离，如图 2-110 所示。

图 2-110 测量制动距离

培训单元 5　主驱动轴和链轮诊断修理

能够对主驱动轴和链轮进行更换

一、主驱动轴的结构

主驱动轴（见图 2-111）主要由驱动轴、轴承座、驱动链轮、梯级链轮、扶手驱动齿轮、附加制动器制动轮等组成。

二、主驱动轴的作用

主驱动轴的作用主要是将驱动主机的机械能传递给梯级链和扶手带驱动轴。

图 2-111 主驱动轴

三、主驱动轴的工作原理

驱动主机的机械能通过双排链条传递给主驱动轴；主驱动轴转动后，主驱动轴上的梯级链轮转动，并通过梯级链条带动梯级运行；同时，主驱动轴上的扶手带驱动齿轮通过扶手带驱动链条把机械能传递给扶手带驱动轴，扶手带驱动轴上的驱动轮（即摩擦轮）通过摩擦力带动扶手带运动。

更换主驱动轴

操作步骤

步骤 1 拆下适当数量的梯级，如图 2-112 所示。一般要把自动扶梯头部的梯级全部拆除，如图 2-113 所示。以 2~3 个水平梯级为例，需要至少拆除 15~16 个梯级。如果自动扶梯头部梯级加长，水平梯级数量较多，则需要增加拆除的梯级数量。

图 2-112 拆下适当数量的梯级

图 2-113 把自动扶梯头部的梯级全部拆除

步骤 2　解开梯级链卡簧，如图 2-114 所示；拆解梯级链，如图 2-115 所示。

图 2-114　解开梯级链卡簧

图 2-115　拆解梯级链

步骤 3　断电锁闭（见图 2-116），机械锁闭（见图 2-117）。

图 2-116　断电锁闭

图 2-117　机械锁闭

步骤 4　标记驱动主机位置。

步骤 5　拆除驱动链条及驱动主机。具体参考"更换驱动主机"的相关步骤。

步骤 6　拆除防夹装置，如图 2-118 所示。

步骤 7　拆除前沿板静板和端部围裙板，如图 2-119 和图 2-120 所示。

步骤 8　拆除前沿板动板。注意，应测量并标记前沿板的相关尺寸，如前沿板复位弹簧的长度，如图 2-121 所示。

步骤 9　拆卸扶手带驱动链条。松掉扶手带驱动轴的固定螺栓和调节螺栓，再松掉扶手带驱动链条的连接卡簧，拆除扶手带驱动链条，如图 2-122 至图 2-125 所示。

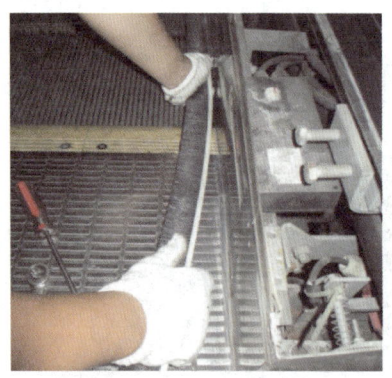
图 2-118　拆除防夹装置

图 2-119　拆除前沿板静板

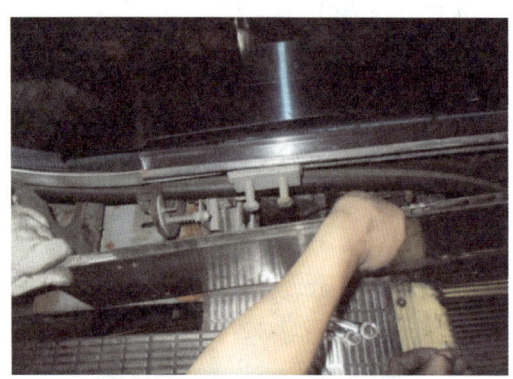
图 2-120　拆除端部围裙板

图 2-121　测量并标记前沿板复位弹簧的长度

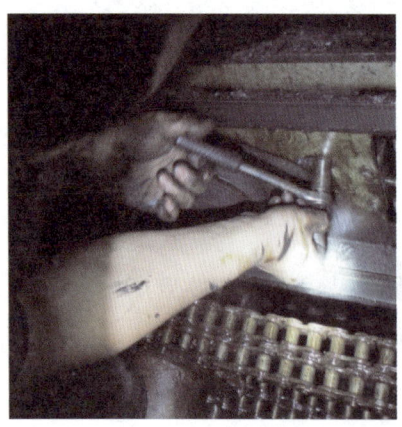
图 2-122　松掉固定螺栓

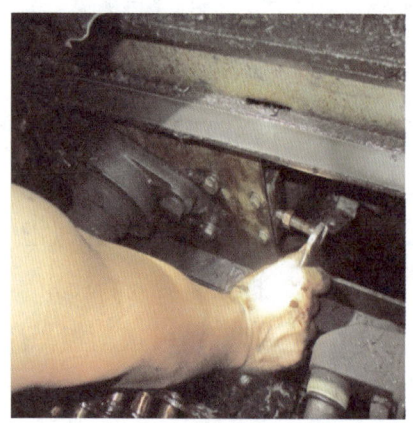
图 2-123　松掉调节螺栓

图2-124 松掉扶手带驱动链条的连接卡簧

图2-125 拆除扶手带驱动链条

步骤 10 拆除扶手带入口装置及扶手带，如图2-126和图2-127所示。

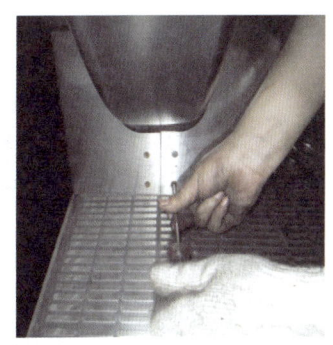
图2-126 拆除扶手带入口装置

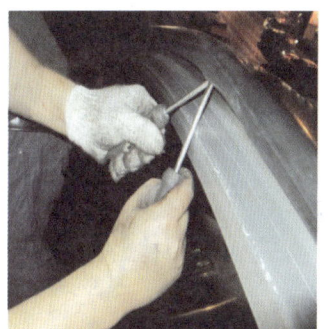
图2-127 拆除扶手带

步骤 11 拆除扶手带端部回转链、扶手带端部回转导轨、扶手带加热线，如图2-128至图2-130所示。

图2-128 拆除扶手带端部回转链

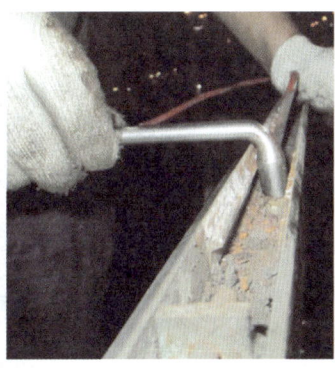
图2-129 拆除扶手带端部回转导轨

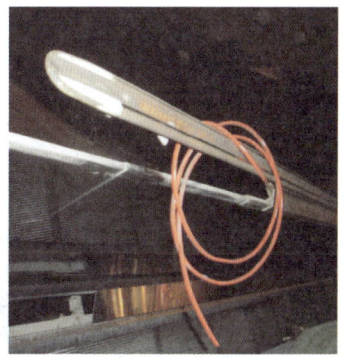
图2-130 拆除扶手带加热线

步骤12 拆除端部护壁板紧固件及端部护壁板,如图2-131和图2-132所示。

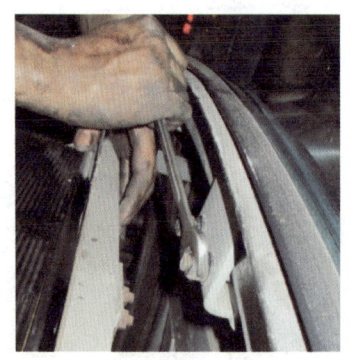

图2-131 拆除端部护壁板紧固件

图2-132 拆除端部护壁板

步骤13 拆除转向臂。先用角磨机把转向臂和梯路导轨连接处的焊点打磨掉,如图2-133所示;然后用一字旋具拧松转向臂固定螺栓,如图2-134所示;最后拆除转向臂。

图2-133 用角磨机打磨焊点

图2-134 用一字旋具拧松转向臂固定螺栓

步骤14 拆除其他相关部件,如主驱动轴轴承座的油路、返回段导轨支架、驱动链断链开关,如图2-135至图2-137所示。

图2-135 拆除主驱动轴轴承座的油路

图2-136 拆除返回段导轨支架

步骤 15 标记主驱动轴垫片的数量，如图 2-138 所示。

图 2-137 拆除驱动链断链开关

图 2-138 标记主驱动轴垫片的数量

步骤 16 拆卸主驱动轴固定轴承，如图 2-139 所示；抬起控制柜。

图 2-139 拆卸主驱动轴固定轴承

步骤 17 起吊驱动主机。注意起吊装置的可靠性，先将驱动主机悬空，再将驱动主机完全吊出。

步骤 18 起吊主驱动轴，如图 2-140 所示。

步骤 19 用电动扳手拆卸链轮螺栓，如图 2-141 所示。

步骤 20 更换主驱动轴链轮并进行防松处理，如图 2-142 至图 2-144 所示。

步骤 21 安装主驱动轴，如图 2-145 所示，并根据步骤 15 标记的主驱动轴垫片数量定位主驱动轴。

图 2-140 起吊主驱动轴

图 2-141 用电动扳手拆卸链轮螺栓

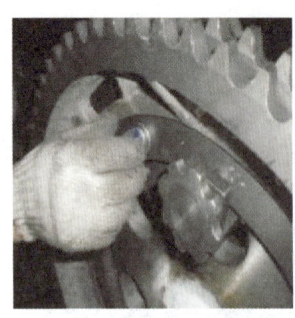  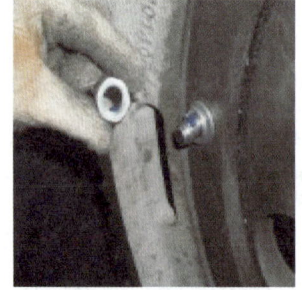

图 2-142 拆卸旧链轮　　　图 2-143 安装新链轮　　　图 2-144 进行防松处理

步骤 22　拼接梯级链。

步骤 23　安装驱动主机，并根据步骤 4 标记的驱动主机位置进行定位。

步骤 24　复位其他部件并检查，解除锁闭，测试运行。

图 2-145 安装主驱动轴

培训单元 6　附加制动器诊断修理

能够对附加制动器进行更换

一、常见附加制动器的分类

1. 盘式附加制动器

盘式附加制动器的工作原理类似于下行安全钳，其制动能力比块式附加制动器弱，但是制动时减速度不会太大，所以制停方式较为柔和。常见的盘式附加制动器如图 2-146 所示。

2. 块式附加制动器

块式附加制动器制动时力量足、减速度大、制动能力较强。常见的块式附加制动器如图 2-147 所示。

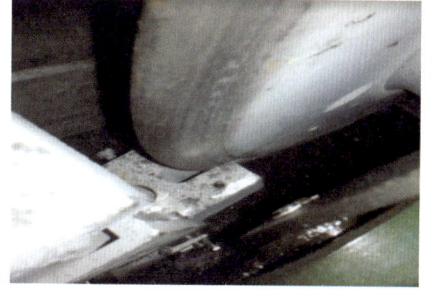

图 2-146　常见的盘式附加制动器

图 2-147　常见的块式附加制动器

二、附加制动器的相关要求

1. 附加制动器的配置要求

根据 TSG T7005 附件 A 第 6.13 条的规定，在下列任何一种情况下，自动扶梯和倾斜式自动人行道应设置一个或多个机械式（利用摩擦原理）附加制动器。

（1）工作制动器和梯级、踏板或者胶带驱动装置之间不是用轴、齿轮、多排链条、多根单排链条连接的。

（2）工作制动器不是机-电式制动器。

（3）提升高度超过 6 m。

（4）公共交通型。

2. 附加制动器的触发条件

根据 GB 16899 的规定，附加制动器在以下任何一种情况下都应起作用：在速度超过名义速度 1.4 倍之前；在梯级、踏板或胶带改变其规定运行方向时。附加制动器在动作开始时应强制切断控制电路。

一般情况下，驱动主机移位或者驱动链条伸长甚至断裂都会导致附加制动器无法制动梯级。因此，驱动链条的断链开关动作时应能触发附加制动器动作。

更换附加制动器制动盘

操作步骤

步骤 1 拆除主驱动轴。

步骤 2 拆除旧附加制动器制动盘,如图 2-148 所示。

步骤 3 安装新附加制动器制动盘,如图 2-149 所示。

图 2-148 拆除旧附加制动器制动盘

图 2-149 安装新附加制动器制动盘

步骤 4 进行防松处理。

步骤 5 安装主驱动轴。

培训单元 7 运行速度和抖动诊断调整

能够通过调整驱动控制参数提高自动扶梯的运行舒适感

知识要求

下面以新时达 AS330 驱动控制系统的参数为例描述其意义。

一、额定速度

此参数设置自动扶梯的额定速度，如 0.5 m/s 设置为 0.500 m/s。对于自动扶梯来说，一般不称为额定速度，标准术语是名义速度。

二、检修速度

此参数设置自动扶梯的检修速度，如 0.25 m/s 设置为 0.250 m/s，检修时不应超过此速度。

三、低速速度

此参数设置自动扶梯的休闲段（长时间没有乘客乘坐时）速度，如 0.25 m/s 设置为 0.250 m/s。

四、电动机类型

0 代表异步，1 代表同步。

五、电动机额定功率

此参数单位为 kW，根据铭牌设定。

六、电动机额定电压

此参数单位为 V，根据铭牌设定。

七、电动机额定电流

此参数单位为 A，根据铭牌设定。

八、电动机额定频率

此参数单位为 Hz，根据铭牌设定。

九、电动机额定转速

此参数单位为 r/min，根据铭牌设定。

十、电动机极数

此参数根据铭牌设定，如果铭牌上无此参数，则可根据以下公式计算：

$$极数 = (120 \times f) \div n$$

式中　f——额定频率，Hz；

　　　n——额定转速，r/min。

对计算结果取偶整数即为"极数"。

十一、加速斜率

此参数的值越大，加速越急促；此参数的值越小，加速越柔和。有些控制系统用加速时间这个参数代替加速斜率。

十二、减速斜率

此参数的值越大，减速越急促；此参数的值越小，减速越柔和。有些控制系统用减速时间这个参数代替减速斜率。

十三、拐角时间

图 2-150 为某自动扶梯"启动—加速—匀速—减速—停车"速度时间图，拐角时间出现的位置在图中的 0、1、2、3。这四处拐角时间的长短会影响自动扶梯运行状态发生变化时的乘梯舒适感，如拐角时间 1 会影响自动扶梯从加速过程转到

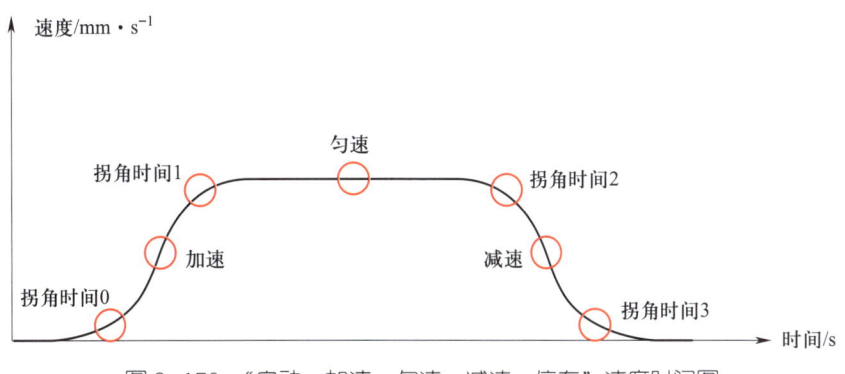

图 2-150　"启动—加速—匀速—减速—停车"速度时间图

匀速过程的舒适感。拐角时间越大，完成这个动作的时间越长，舒适感越好；拐角时间越小，完成这个动作的时间越短，舒适感越差。

调整自动扶梯速度

操作准备

新时达 AS330 驱动控制系统。

操作步骤

步骤 1 调整额定速度（名义速度）至 0.500 m/s，如图 2-151 所示。

图 2-151 额定速度 1

步骤 2 调整额定速度至 0.650 m/s，如图 2-152 所示。

步骤 3 调整检修速度至 0.200 m/s，如图 2-153 所示。

步骤 4 调整低速速度至 0.200 m/s，如图 2-154 所示。

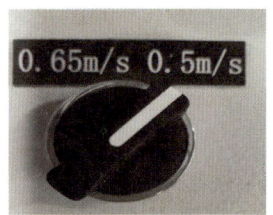

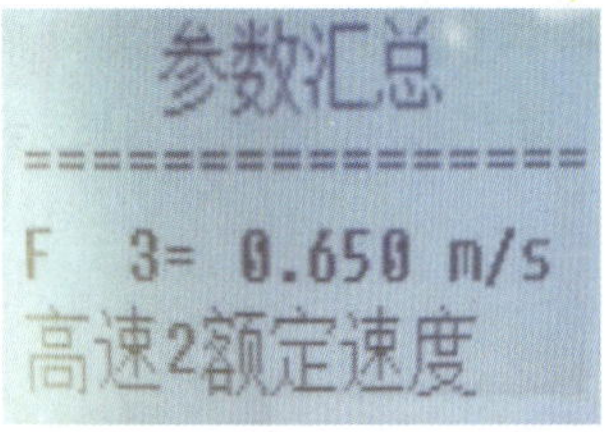

图 2-152 额定速度 2

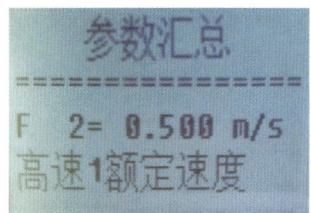

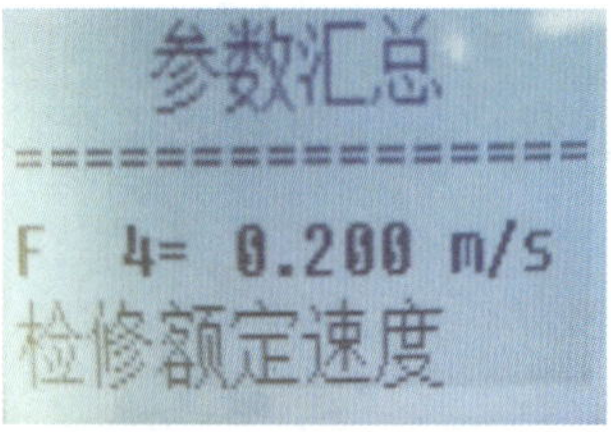

图 2-153 检修速度

图 2-154 低速速度

调整抖动相关系数

操作准备

新时达 AS330 驱动控制系统。

操作步骤

步骤1　调整加速斜率至 0.550 m/s^2，如图 2-155 所示。

步骤2　调整减速斜率至 0.550 m/s^2，如图 2-156 所示。

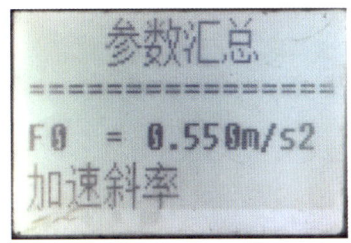

图 2-155　加速斜率

图 2-156　减速斜率

步骤3　调整拐角时间，如图 2-157 所示。

图 2-157　调整拐角时间

思　考　题

1. 简述更换有机房电梯曳引轮的操作步骤。
2. 简述更换有机房电梯制动器的准备工作。
3. 简述乘客保护装置故障诊断修理的操作步骤。
4. 简述更换扶手带驱动轴的操作步骤。
5. 简述更换驱动链条的操作步骤。

职业模块 ❸
维护保养

内容结构图

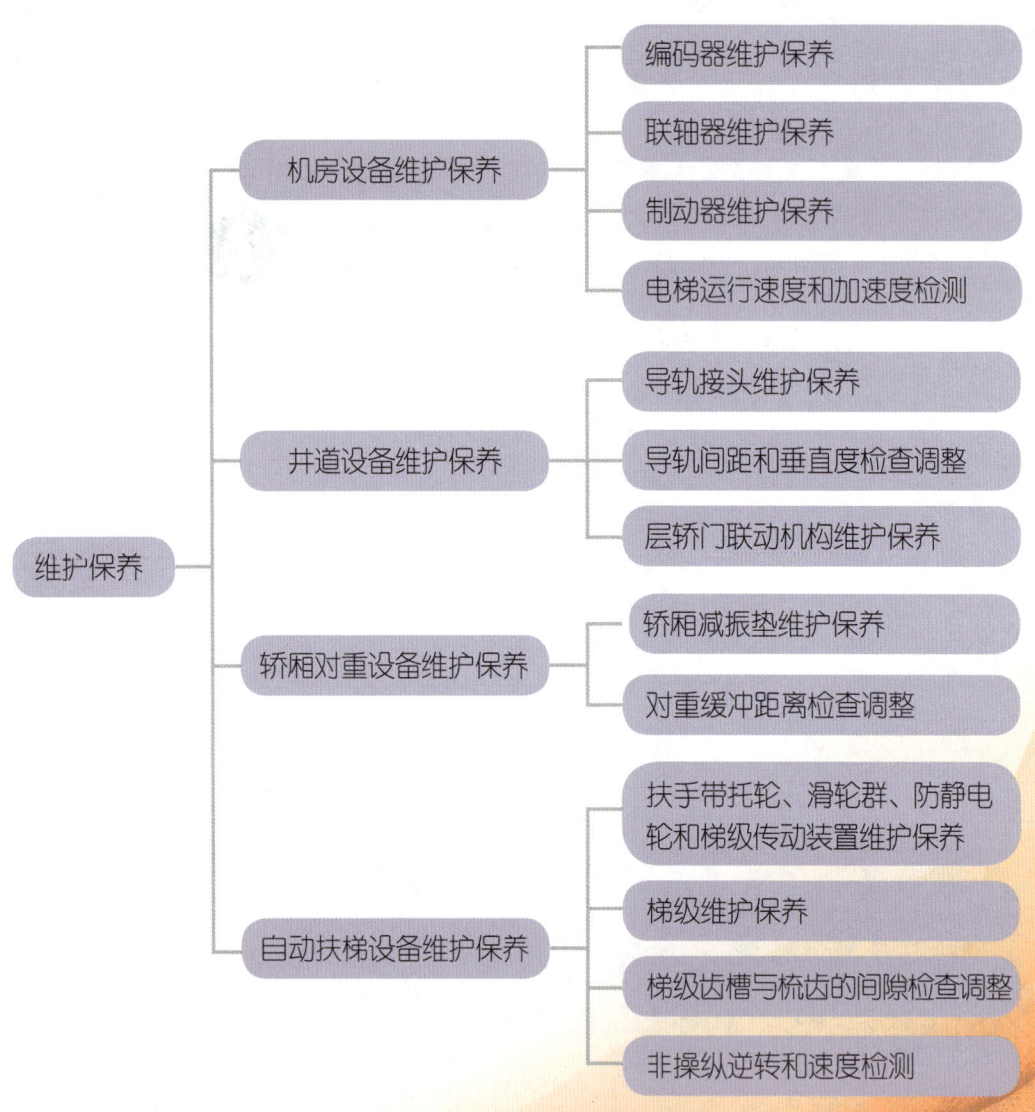

培训项目 1

机房设备维护保养

培训单元 1　编码器维护保养

能够对编码器进行检查

一、检查步骤和内容

1. 观察和分析

在电梯运行时观察编码器的运行状态，如果发现编码器在电动机转动时会出现圆周性摇摆的情况，则说明编码器轴的同轴度可能超差。

2. 检查编码器

（1）目视检查编码器轴（轴套）和电动机轴套（轴）之间的键槽连接、螺母连接或圆锥轴套连接情况，防止发生相对滑动。

（2）使用紧固工具检查编码器底座的螺栓或螺母，编码器底座应固定好。

（3）目视检查编码器的外观是否干净，外壳应完好无损。

3. 检查编码器线缆

（1）编码器线缆连接编码器与分频卡，接线端子不应松动或虚接，且线缆中间不应存在任何形式的接头或接口，以防止长期使用后接头或接口处金属氧化、电阻增加导致通信信号丢失。

（2）编码器线缆走线工艺应合理，防止转角、固定线夹时损伤线缆。

（3）编码器线缆在靠近或经过变频器、主动力电缆、电动机等干扰源时，需要在线缆外部套上屏蔽金属线管。

（4）编码器线缆不应与主动力电缆置于同一线槽内。

（5）编码器线缆外部的屏蔽金属线管和内部的屏蔽层应单端接地。

二、失效状态的识别与处置

1. 编码器装配不良

失效模式一：编码器轴安装工艺不良引起测量误差，甚至导致编码器损坏。

解决措施：拆除编码器重新安装，并调整编码器轴与电动机轴的同轴度。

失效模式二：编码器轴连接处松动，使编码器与轴不同步转动，导致测量误差较大。

解决措施：用相应工具紧固。

失效模式三：编码器线缆走线工艺不良引起线路虚接，或存在主电路电磁场干扰。

解决措施：对编码器线缆和插件进行调整。同时，为了防止编码器线缆受到干扰，其外部的屏蔽金属线管和内部的屏蔽层均应接地。

2. 编码器工作环境恶劣

失效模式：编码器积灰严重、外壳破损或密封不严，码盘受到污染而丢失脉冲，导致测量误差较大。

解决措施：对编码器的外部进行清洗，用毛刷清除编码器外壳上的灰尘。

培训单元 2　联轴器维护保养

能够对电动机与减速机联轴器进行调整

调整电动机与减速机联轴器

操作步骤

步骤1 保留一对处于对角位置的联轴器螺栓,拆除其他联轴器螺栓,并将剩余的两个螺栓拧松。

步骤2 在联轴器的曳引机侧 0°、90°、180°、270° 位置做好标记,作为比对点;在电动机的 0° 位置做一个标记,作为基准点。

步骤3 安装联轴器支架、径向测量百分表 A 及轴向测量百分表 B。注意,安装百分表时,其转数指针下压数值应为 2~3。

步骤4 调整百分表刻度盘,使主指针归零。

步骤5 顺时针转动联轴器一周,重新调整百分表刻度盘,使主指针归零。

步骤6 顺时针转动联轴器,分别在 0°、90°、180°、270° 位置读取径向测量百分表 A 的读数值 a_1、a_2、a_3、a_4,轴向测量百分表 B 的读数值 b_1、b_2、b_3、b_4。联轴器测量位置如图 3-1 所示。

步骤7 使用下列公式分别进行计算。

径向位移公式:水平方向采用 $(a_1-a_3)/2$;垂直方向采用 $(a_2-a_4)/2$。

轴向位移公式:水平方向采用 $(b_1-b_3)/2$;垂直方向采用 $(b_2-b_4)/2$。

步骤8 根据计算结果调整电动机垫片数量、电动机位置及角度。

步骤9 重复步骤 6 至步骤 8,直到联轴器径向位移偏差与轴向位移偏差符合表 3-1 中的要求。

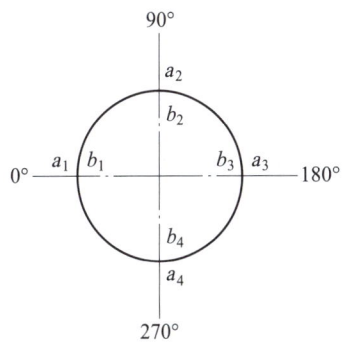

图 3-1 联轴器测量位置

表 3-1 联轴器径向位移偏差与轴向位移偏差要求

联轴器类型	电动机转速 /r·min^{-1}									
	>1500~3000		>1000~1500		>600~1000		>200~600		≤200	
	位移偏差 /mm									
	径向	轴向	径向	轴向	径向	轴向	径向	轴向	径向	轴向
刚性联轴器	0.01	0.02	0.01	0.03	0.02	0.04	0.03	0.04	0.03	0.04
弹性联轴器	0.01	0.02	0.01	0.05	0.02	0.05	0.03	0.06	0.03	0.07
齿式联轴器	0.01	0.02	0.01	0.05	0.02	0.05	0.03	0.06	0.03	0.07

步骤10 调整电动机轴向位置，使联轴器端面间隙符合厂家要求。

步骤11 紧固电动机固定螺栓及安装联轴器连接螺栓。不同规格螺栓的拧紧力矩见表 3-2。

表 3-2 不同规格螺栓的拧紧力矩

螺栓公称直径 /mm	螺栓强度等级					
	4.6	5.6	6.8	8.8	10.9	12.9
	屈服强度 /N·mm^{-2}					
	240	300	480	640	900	1 080
	拧紧力矩 /N·m					
6	4~5	5~7	7~9	9~12	13~16	16~21
8	10~12	12~15	17~23	22~30	30~36	38~51
10	20~25	25~32	33~45	45~59	65~78	75~100
12	36~45	45~55	58~78	78~104	110~130	131~175
14	55~70	70~90	93~124	124~165	180~201	209~278
16	90~110	110~140	145~193	193~257	280~330	326~434
18	120~150	150~190	199~264	264~354	380~450	448~597
20	170~210	210~270	282~376	376~502	540~650	635~847
22	230~290	290~350	384~512	512~683	740~880	864~1 152

续表

螺栓公称直径/mm	螺栓强度等级					
	4.6	5.6	6.8	8.8	10.9	12.9
	屈服强度 /N·mm^{-2}					
	240	300	480	640	900	1 080
	拧紧力矩 /N·m					
24	300~377	370~450	488~650	651~868	940~1 120	1 098~1 464
27	450~530	550~700	714~952	952~1 269	1 400~1 650	1 606~2 142
30	540~680	680~850	969~1 293	1 293~1 723	1 700~2 000	2 181~2 908
33	670~880	825~1 100	1 319~1 759	1 759~2 345	2 473~3 298	2 968~3 958
36	900~1 100	1 120~1 400	1 694~2 259	2 259~3 012	2 800~3 350	3 812~5 082

培训单元 3 　制动器维护保养

能够对制动器间隙和制动力进行检查及调整

在开始调整电磁鼓式制动器之前，应首先对制动器间隙和制动器动作状态监测装置进行整体的检查，根据检查结果确定进一步的调整方案。

一、检查制动器间隙

1. 检查方法

在机房内用紧急电动装置和停止装置控制电梯，然后在电梯停止运行、制动器关闭的状态下,用塞尺从四个方向对制动器衔铁(动板)与电磁铁(静板)的间隙进行测量,如图 3-2 所示。

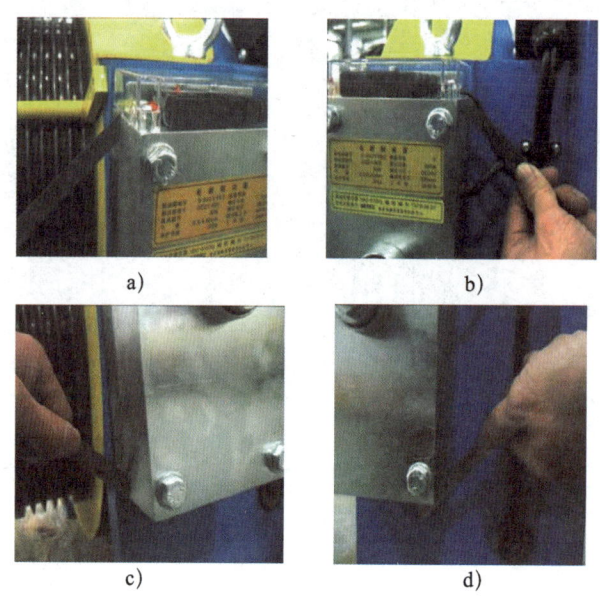

图 3-2 制动器间隙的检查
a)左上角间隙的检查 b)右上角间隙的检查
c)左下角间隙的检查 d)右下角间隙的检查

2. 检查要求

(1)制动器四角上的间隙大小应符合设计要求,该要求可在制动器铭牌上读取,通常情况下应为 0.1~0.5 mm。

对于电磁鼓式制动器来说,该间隙与制动器的打开间隙相等。如无特殊说明,该间隙宜不小于 0.1 mm,以确保制动器开启时制动衬不与制动鼓刮擦。该间隙也不宜过大,因为根据经验判断,当制动器间隙接近 0.6 mm 时,制动器关闭噪声会大幅度增大。此外,该间隙过大时,制动器衔铁(动板)与电磁铁(静板)之间的距离就过大,使制动器衔铁受到的电磁力变小,可能导致制动器无法正常开启。

(2)制动器四角上的间隙大小应一致,各间隙间最大允许偏差为 0.05 mm,以避免制动衬与制动鼓接触面积不足。

需要注意的是,检查电磁鼓式制动器间隙是在制动器关闭状态下进行的,只控制电梯即可,而无须将对重压实在缓冲器上,但是在该状态下不允许对制动器的间隙进行调整。

二、检查与调整制动器动作状态监测装置

1. 检查监测装置的工作状态

以某型号电梯制动器动作状态监测装置(见图3-3)为例,可以通过旁路测试或断路测试来检查其能否正常工作。对于常规状态下采用常闭电气开关的监测装置来说,应至少进行旁路测试;而对于采用常开电气开关的监测装置来说,则应至少进行断路测试。

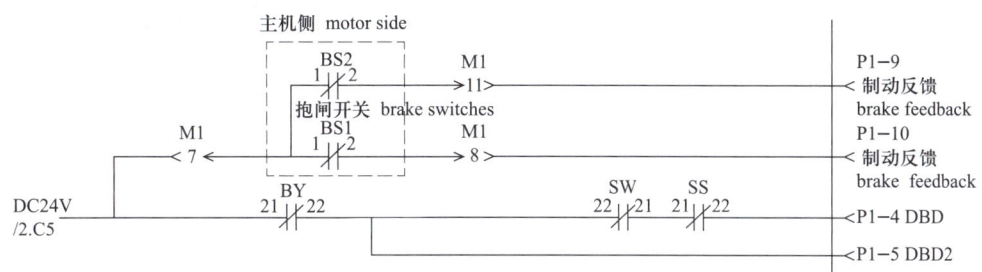

图3-3 某型号电梯制动器动作状态监测装置

(1)旁路测试。在机房内用紧急电动装置和停止装置控制电梯,切断电梯主电源后,在两侧制动器的监测装置接线端子处,将监测电路的BS1-1、BS1-2接线端子和BS2-1、BS2-2接线端子进行短接。

接通电梯主电源,在机房内通过紧急电动装置运行电梯,对制动器动作状态监测功能进行检查,此时电梯应无法运行。如果电梯能够运行,则说明制动器动作状态监测功能被关闭,应先开启该功能,再重新进行测试。

(2)断路测试。在机房内用紧急电动装置和停止装置控制电梯,切断电梯主电源后,在两侧制动器的监测装置接线端子处,将接线端子BS1-2和BS2-2上的线路拆除,断开监测电路。

接通电梯主电源,在机房内通过紧急电动装置运行电梯,对制动器动作状态监测功能进行检查,此时电梯应无法运行。如果电梯能够运行,则说明制动器动作状态监测功能被关闭,应先开启该功能,再重新进行测试。

2. 检查监测装置的动作状态

在确认监测装置的监测功能已开启且有效后,切断主电源,恢复监测装置的电路接线。

确认电路连接正确,随后接通主电源,在机房内通过紧急电动装置运行电梯,检查电梯能否运行。如果电梯能够运行,则说明监测装置动作状态正常;如果电

梯不能运行，则说明监测装置动作状态异常，应进行调整。监测装置电气开关结构、触发及释放状态如图3-4所示。

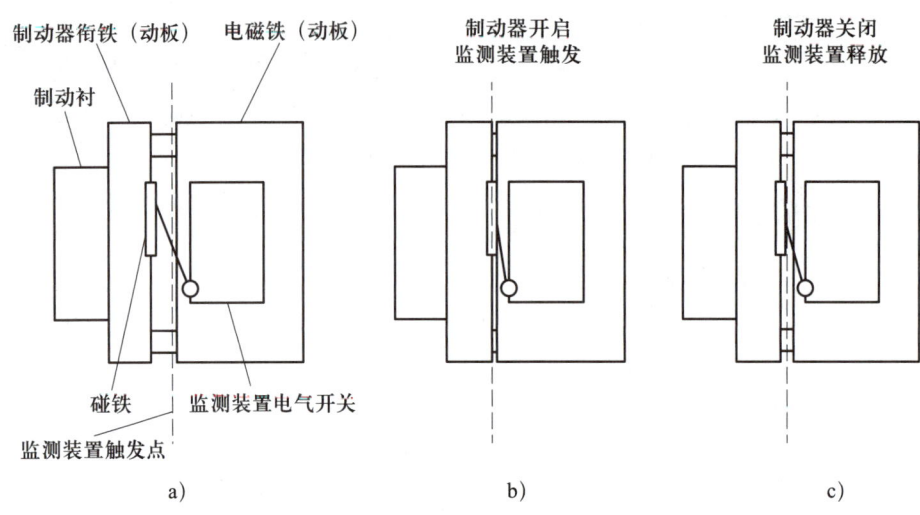

图3-4 监测装置电气开关结构、触发及释放状态
a）监测装置电气开关结构 b）监测装置触发状态 c）监测装置释放状态

需要注意的是，对于电磁鼓式制动器来说，由于在监测装置固定无松动的情况下出发点始终不会改变，因此在改变制动器间隙后，如制动衬磨损、更换新的制动衬或者对制动器间隙进行调整后，无须对监测装置进行重新调整。

在检查过程中，要特别注意对簧片状态的检查。当簧片出现表面磨损、应力变形等情况时，簧片与开关之间产生间隙，在制动器关闭时顶杆所处的位置不足以使开关动作，此时需要重新调整。

3. 调整监测装置

如果在整体检查中发现监测装置的动作状态异常，电梯无法正常运行，则应立即对监测装置进行调整。

监测装置主要由罩盖、顶杆、顶杆螺母、簧片、支撑块、支架、微动开关组成，如图3-5所示。

在机房内使电梯紧急电动上行至井道顶部，直至触发上限位开关；随后断开电梯主电源，用手动紧急操作装置开启两侧制动器，使轿厢向上溜车，同时使对重完全压住缓冲器。

将顶杆螺母松开，旋转顶杆向前微微移动，然后锁紧顶杆螺母，用手动紧急操作装置再次开启制动器，检查行程开关是否能可靠动作（反复检查3~4次）。

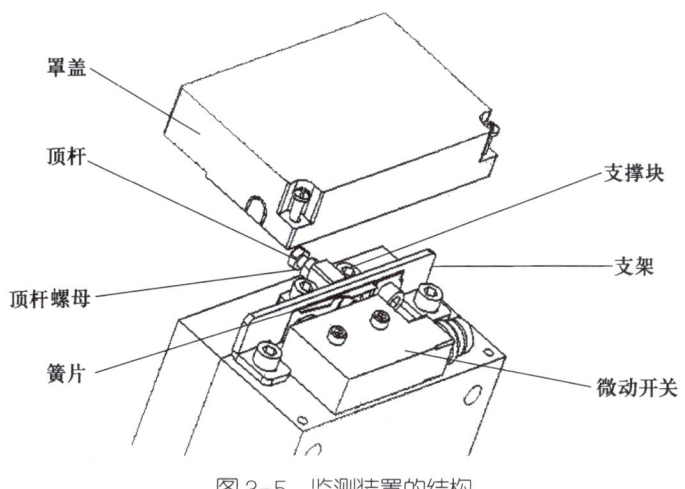

图 3-5 监测装置的结构

需要注意的是，顶杆的单次调整量不能超过 0.1 mm，对于 M5 细牙螺栓来说，相当于旋转 1/5 圆周。单次调整量过大会使簧片变形。顶杆的最大调整量不能超过 0.3 mm，如有必要可用带有万向磁性表座的百分表进行测量。

三、调整制动器间隙

当制动器四角间隙偏差超过 0.5 mm 或间隙超出设计要求范围时，应对部分或全部间隙进行调整。在对电磁鼓式制动器间隙进行调整前，应首先确认监测装置的动作状态是正常的；然后在机房内使电梯紧急电动上行至井道顶部，直至触发上限位开关；随后断开电梯主电源，用手动紧急操作装置开启两侧制动器，使轿厢向上溜车，同时使对重完全压实缓冲器。具体调整方法如下。

1. 调整间隙使之变小

先逆时针稍微转动固定螺栓 B（见图 3-6）使之松开，然后逆时针稍微转动导向螺母 A（见图 3-7），使电磁铁（静板）克服压缩弹簧的弹力向靠近曳引机的方向移动。完成调整后，顺时针转动固定螺栓 B 使之紧固。

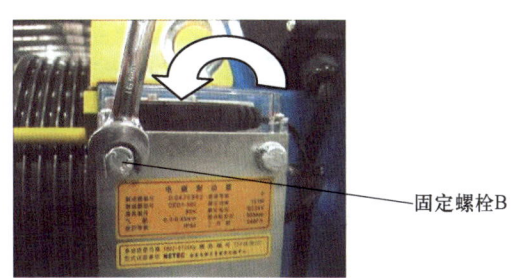

图 3-6 逆时针稍微转动固定螺栓 B

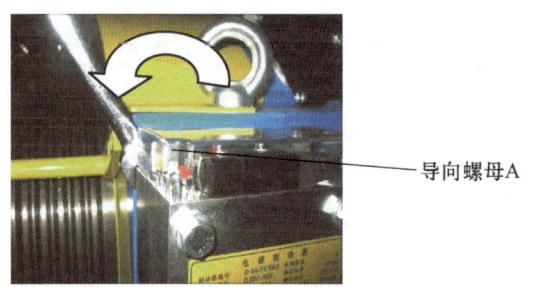

图 3-7　逆时针稍微转动导向螺母 A

2. 调整间隙使之变大

先逆时针稍微转动固定螺栓 B 使之松开，再顺时针稍微转动导向螺母 A（见图 3-8），使电磁铁（静板）在压缩弹簧的弹力作用下向远离曳引机的方向移动。完成调整后，顺时针转动固定螺栓 B 使之紧固。

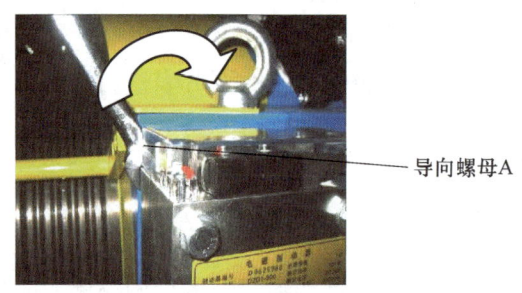

图 3-8　顺时针稍微转动导向螺母 A

3. 反复调整

通过上述方法反复调整制动器四角间隙并复验，直至符合设计要求范围的中间值。如果间隙设计要求范围为 0.1～0.6 mm，则应将制动器四角间隙调整至 $0.35^{+0.25}_{-0.25}$ mm。

4. 运行、制动电梯及复测

首次调整完成后，接通电梯主电源，在机房内通过紧急电动装置运行电梯，使制动器在非零速状态下进行制动，必要时可在运行过程中操作停止装置进行制动。

反复制动 5～10 次后，在机房内通过紧急电动装置和停止装置控制电梯，用塞尺复测制动器四角间隙是否符合要求。如果符合要求，结束调整工作；否则，重复上述步骤再对制动器进行调整，直至制动器四角间隙符合要求。

培训单元 4　电梯运行速度和加速度检测

能够使用电梯乘运质量分析仪、转速表等对电梯运行速度、加速度进行检测

使用电梯乘运质量分析仪对电梯运行速度、加速度进行检测

操作准备

1. 工具准备

EVA-625 电梯振动检测仪（电梯乘运质量分析仪）。

2. 环境准备

在测试前，应先确认被测电梯地板上是否铺设地毯类物品。如果铺设了地毯、木板等，应将其去除之后再进行检测，以保证 EVA-625 电梯振动检测仪的检测数据准确。

操作步骤

步骤 1　将 EVA-625 电梯振动检测仪放置在轿厢地板的中心位置，使传感器的 X 轴指向轿门，Y 轴指向右边（面向轿厢站立的右边），Z 轴朝上，如图 3-9 所示。

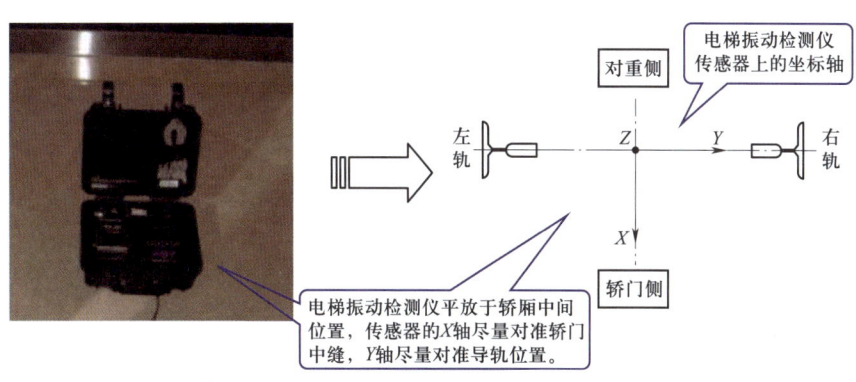

图 3-9　EVA-625 电梯振动检测仪的摆放位置

步骤2 按下列步骤检测运行数据，如图 3-10 所示。

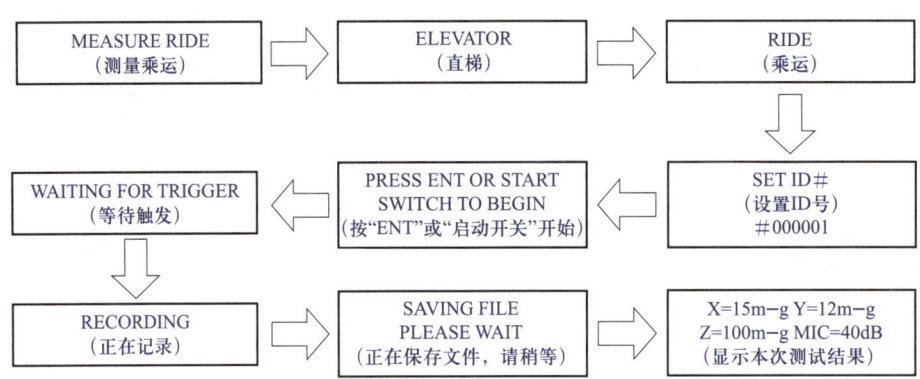

图 3-10 EVA-625 电梯振动检测仪的检测步骤

按以上步骤完成一台电梯的上行（或下行）振动检测后，按"ENT"继续进行下行（或上行）振动检测，上下行曲线会保存为同一个 ID（识别）号。

步骤3 使用数据线将 EVA-625 电梯振动检测仪连接到计算机上，开启 EVA 曲线分析软件，导入检测数据。

步骤4 打开导入的检测数据，选择左侧工具栏中的"Vel."查看运行速度曲线，如图 3-11 所示。

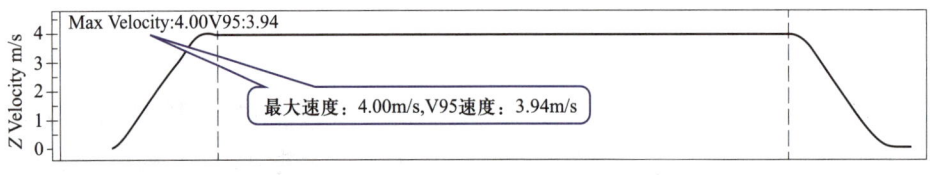

图 3-11 运行速度曲线

选择左侧工具栏中的"Accel"查看运行加速度曲线，如图 3-12 所示。

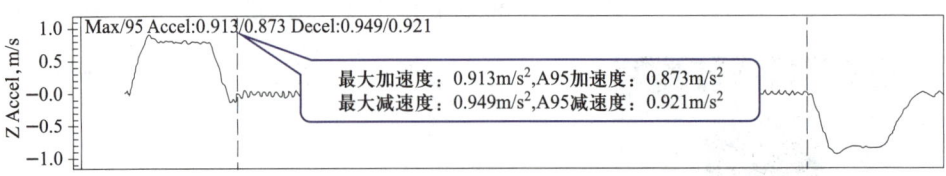

图 3-12 运行加速度曲线

使用电梯转速表对电梯运行速度进行检测

操作准备

HT-4200 非接触手持式数字转速表（见图 3-13）（该转速表测量范围为 30~50 000 r/min，检测距离为 20~300 mm）。

操作步骤

步骤 1　在需要检测的轴的侧面上临时粘贴与 HT-4200 非接触手持式数字转速表配套的反射膜作为旋转标记。

步骤 2　将 HT-4200 非接触手持式数字转速表对准反射膜，按下测量按钮，即可读取当前设备的转速。

步骤 3　多次测量。HT-4200 非接触手持式数字转速表最多可保存 10 次测量结果，并对测量结果自动获取平均值，以保证测量精度。

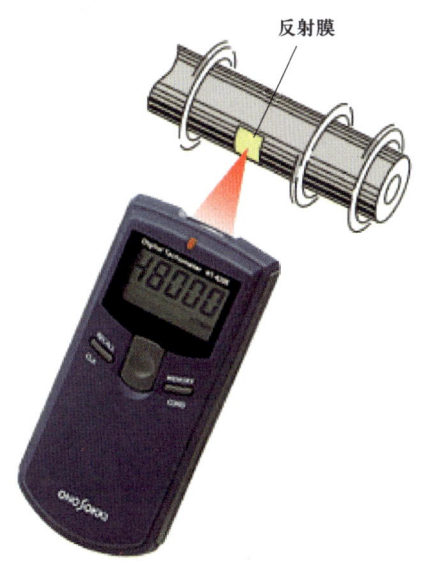

图 3-13　HT-4200 非接触手持式数字转速表

培训项目 2　井道设备维护保养

培训单元 1　导轨接头维护保养

能够使用刀口尺、刨刀等对导轨接头进行修整

一、导轨接头台阶的测量

导轨接头存在台阶时会影响电梯运行的平稳性。一般采用 300 mm 的刀口形直尺与塞尺配合测量，刀口形直尺中央应放置在接头处。导轨三个工作面的直线度误差应不大于 0.05 mm。

二、导轨接头台阶的调整

1. 在刀口形直尺长度范围内，如果导轨的三个工作面直线度超差，应调整上导轨位置。

2. 导轨接头处台阶不大于 0.05 mm，即上、下导轨界面错位量不大于 0.05 mm，此要求能否满足与 T 形导轨的榫槽有直接关系。T 形导轨为标准件，其榫槽制造精度应小于 0.1 mm，因此，安装导轨前应检查榫槽的尺寸是否合格。也可直接提高导轨榫槽的制造精度，减小上、下导轨榫卯配合间隙，以保证导轨安装后上、下导轨接口错位量满足要求。

3. 导轨接头处局部间隙不大于 0.5 mm，不能出现连续缝隙。上、下导轨接头出现缝隙的原因有两点：一是导轨榫槽有异物；二是导轨端面有凸起，一般为加工时的毛刺或运输、安装时磕碰所致。解决方法：一是清洗榫槽，清理异物；二是在安装前检查导轨端面有无凸起，如有可用锉刀修整。

4. 导轨接头处修整长度不小于 150 mm。当采用导轨刨刀修整导轨时，修整长度不能太短，否则会造成导轨下凹。同时，修整面的表面粗糙度应符合相关规定。修整面太光滑会减小导轨与导靴的摩擦力，太粗糙又会增加导轨与导靴的摩擦力。

三、注意事项

1. 在去除导轨端面毛刺时，不允许用角磨机打磨，因为砂轮磨削时会产生热量，使导轨局部受热而变形，影响导轨精度。

2. 在搬运及安装导轨的过程中应保护好两端榫槽，避免撞击。

3. 对导轨接头进行修整时，同样不允许用角磨机打磨，尽量用导轨刨刀进行修整，并注意控制局部发热的程度。

4. 对导轨进行修整后，修整面的表面粗糙度应尽量与非修整面一致。

5. 连接板紧固螺栓被拧紧后，应对接头进行复检，及时发现并处理由于受力原因产生的导轨误差，提高安装精度。

6. 导轨接头处不允许中间凸起。

培训单元 2　导轨间距和垂直度检查调整

能够根据电梯运行的振动情况对导轨间距和垂直度进行检查调整

 **知识要求**

电梯运行时常见的异常振动模式及解决措施见表3-3。

表3-3 电梯运行时常见的异常振动情况及解决措施

异常振动情况	解决措施
电梯运行时轿厢 Y 轴方向出现振动	使用导轨校正尺及线坠调整导轨间距和导轨 Y 轴方向的垂直度
电梯运行时轿厢 X 轴方向出现振动	使用线坠调整导轨 X 轴方向的垂直度

 **技能要求**

根据电梯运行的振动情况对导轨间距和垂直度进行检查调整

操作准备

准备电梯乘运质量分析仪。

操作步骤

步骤1 使用电梯乘运质量分析仪测量电梯运行振动资料,具体步骤见前文。

步骤2 检查电梯乘运质量分析仪的测量结果,分析是否存在异常情况。如果存在异常情况,则根据以下公式计算电梯出现异常振动时轿厢所在的位置(故障位置):

$$s=vt$$

式中 s——故障位置,m;

v——电梯运行速度,m/s;

t——时间,s。

如果在电梯上行时出现振动,则故障位置在轿厢上导靴或对重下导靴处;如果在电梯下行时出现振动,则故障位置在轿厢下导靴和对重上导靴处。

步骤3 检查当前故障点是否存在异常情况,如锈蚀、伤痕、导轨接头台阶过高等。如果不存在异常情况,则根据电梯乘运质量分析仪结果进行分析判断。

(1)如果振动明显发生在 Y 轴方向,则先使用导轨校正尺测量导轨间距是否合格;

如果导轨间距符合要求，则结合线坠测量导轨在 Y 轴方向是否同时存在垂直度偏差。

（2）如果振动明显发生在 X 轴方向，则结合线坠测量导轨在 X 轴方向是否存在垂直度偏差。

培训单元 3　层轿门联动机构维护保养

能够对层门系统联动钢丝绳进行检查
能够对轿门开门限制装置进行检查

一、层门系统联动钢丝绳维护保养

1. 失效状态的识别与处置

（1）联动钢丝绳表面状态不佳

失效模式一：联动钢丝绳表面干燥，出现锈渍，如图 3-14 所示。

解决措施：用毛刷在联动钢丝绳表面刷涂钢丝绳专用润滑脂，待溶剂挥发后留下一层保护油膜。注意，涂抹专用润滑脂不能清除金属表面的锈渍，只能保护联动钢丝绳使其不继续生锈。涂抹专用润滑脂前应确保联动钢丝绳表面光滑、干燥、干净，不应有杂质存在。清洁时，可用毛刷直接清扫联动钢丝绳的表面，将多余油污清除；不可用柴油等有机溶剂直接对联动钢丝绳进行清洗，否则会加速联

图 3-14　层门联动钢丝绳锈蚀

动钢丝绳锈蚀和磨损。如果发现联动钢丝绳锈蚀得非常严重，如锈渍已经填满绳股间隙，则应更换联动钢丝绳。

失效模式二：联动钢丝绳磨损，出现断丝、断股现象或明显受损。

解决措施：更换联动钢丝绳。

（2）联动钢丝绳工作状态不佳

失效模式一：联动钢丝绳张紧力不足（见图3-15a），容易与其他部件刮擦，或从传动轮上脱落。

解决措施：适当松开联动钢丝绳端接装置并收紧一定长度，使联动钢丝绳张紧力增大。完成调整后应将端接装置可靠固定。

a) b)

图3-15 联动钢丝绳张紧力不足与正常状态的对比
a）张紧力不足的联动钢丝绳 b）正常状态下的联动钢丝绳

失效模式二：联动钢丝绳张紧力过大，导致传动系统磨损过快。

解决措施：适当松开联动钢丝绳端接装置并释放一定长度，使联动钢丝绳张紧力减小。完成调整后应将端接装置可靠固定。

失效模式三：联动钢丝绳端接装置松动或端接位置过于靠近螺栓端部，容易使端接装置脱落。

解决措施：拧紧端接装置的锁紧螺母并根据需要正确安装开口销，如图3-16所示。

失效模式四：层门联动钢丝绳调整不当，引起层门中心偏离。

解决措施：调节主动门上的联动钢丝绳端接装置（见图3-17a），使层门中心向被动层门方向移动；或调节被动门上的联动钢丝绳固定装置（见图3-17b），使层门中心向主动层门方向移动。

图 3-16 设置有开口销的联动钢丝绳端接装置

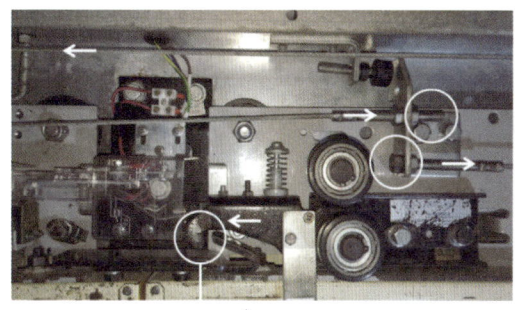 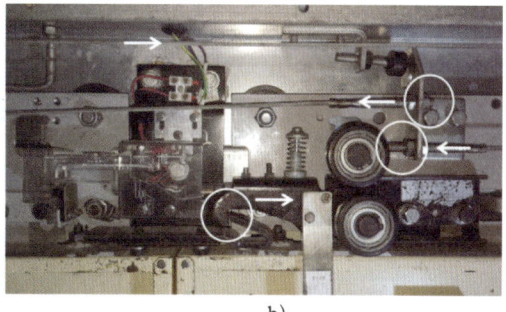

　　　　　　a)　　　　　　　　　　　　　　　　b)

图 3-17 联动钢丝绳的调节方法
a）调节主动门上的联动钢丝绳端接装置
b）调节被动门上的联动钢丝绳固定装置

失效模式五：联动钢丝绳传动轮锈蚀（见图 3-18）、卡阻，增大了开关门阻力，使联动钢丝绳磨损。

解决措施：如果联动钢丝绳传动轮局部锈蚀，则应对传动轮轴承进行润滑，使其灵活转动；如果联动钢丝绳传动轮出现大面积的严重锈蚀，或通过润滑轴承无法使其灵活转动，则应更换传动轮。

图 3-18 传动轮锈蚀

2. 检查步骤及操作方法

（1）检查联动钢丝绳的表面状态。如果联动钢丝绳表面干燥、润滑不足，应涂抹微量润滑脂，同时检查联动钢丝绳是否存在断丝、断股、磨损和锈蚀的情况。

（2）检查联动钢丝绳的张紧程度

1）联动钢丝绳的张紧程度不宜过紧。在联动钢丝绳中部用 50 N 左右的力向下拉，联动钢丝绳应有 5~10 mm 的行程，且在开关门过程中，联动钢丝绳不应发出"嗞嗞"的声响。

2）联动钢丝绳的张紧程度不宜过松。在联动钢丝绳中部用 50 N 左右的力向下拉，联动钢丝绳的行程不宜超过 10 mm，且在开关门过程中，联动钢丝绳不应存在异常振动。

（3）检查联动钢丝绳的传动轮。联动钢丝绳的传动轮不应存在严重的锈蚀、磨损、变形等情况。

（4）检查联动钢丝绳端接装置的固定情况。该端接装置应可靠固定，且锁紧螺母、开口销等防松装置状态正常。

二、轿门开门限制装置维护保养

1. 失效状态的识别与处置

（1）运行间隙不符合要求

失效模式一：对于独立开启的轿门开门限制装置来说，轿门开锁门刀与轿门门锁滚轮的运行间隙过大会导致轿门无法开启，发生困人事故；如果轿厢在偏载状态下运行，轿门门刀与层门门锁滚轮的运行间隙过小、轿门开锁门刀与轿门门锁滚轮的运行间隙过小，容易导致轿门门刀撞击层门门锁滚轮，或轿门开锁门刀撞击轿门门锁滚轮。

解决措施：根据设计要求调整轿门开锁门刀与轿门门锁滚轮的运行间隙 D（见图 3-19）。调整时，如果某层站该间隙不符合要求，则应首先校正该层站层门部件的位置，如层门门锁滚轮的位置；如果大多数层站该间隙均不符合要求，且这些层站层门部件的位置均偏向同一侧，则可对门机部件的位置进行调整，如轿门开锁门刀、轿门门锁滚轮等的位置。

失效模式二：如果轿门门刀与层门地坎的运行间隙过大，如图 3-20 所示，则会引起轿门门刀与层门门锁滚轮之间的啮合宽度不足，轿门门刀容易脱离层门门锁滚轮；如果轿门门刀与层门地坎的运行间隙过小，如图 3-21 所示，当轿厢在偏载状态下运行时，容易导致轿门门刀撞击层门地坎或上坎。

解决措施：根据设计要求调整轿门门刀上下端部与层门地坎的运行间隙。原则上该运行间隙应为 5~10 mm。可在轿门门刀底座上增减相应的垫片，或者适当移动门机前后位置，对轿门门刀与地坎的运行间隙进行调整。在调整过程中应充分考虑轿顶导靴工作状态和轿厢平衡状态对该运行间隙的影响，避免由于轿顶导靴磨损、轿厢前后偏载等问题引起该运行间隙不符合要求。

图 3-19 轿门开锁门刀与轿门门锁滚轮的运行间隙 D

图 3-20 轿门门刀与层门地坎的运行间隙过大

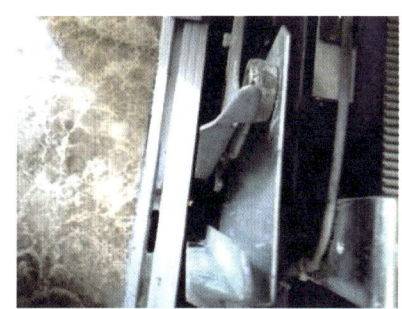

图 3-21 轿门门刀与层门地坎的运行间隙过小

（2）轿门锁联动机构状态不佳

失效模式一：对于联动开启的轿门开门限制装置来说，轿门门刀摆臂上的销轴（见图 3-22a）锈蚀、卡阻会导致轿门锁无法开启或锁紧；对于独立开启的轿门开门限制装置来说，轿门锁销轴（见图 3-22b）锈蚀、卡阻也会导致轿门锁无法开启或锁紧。

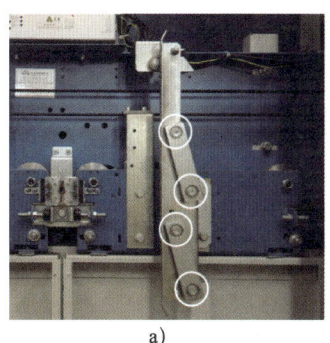

a)　　　　　　　　　　　　　b)

图 3-22 销轴
a) 轿门门刀摆臂上的销轴　b) 轿门锁销轴

解决措施：更换联动开启或独立开启的轿门开门限制装置。

失效模式二：轿门开门限制装置上的便捷开锁装置缺失，如图3-23所示，无法在层站外快速开启轿门锁。

解决措施：加装便捷开锁装置。

2. 检查步骤和操作方法

（1）根据设计要求逐层对轿门门刀与层门门锁滚轮的运行间隙进行测量、校对。如果采用独立开启的轿门开门限制装置，还应对轿门开锁门刀与轿门门锁滚轮的运行间隙进行测量、校对。

图3-23 轿门开门限制装置上的便捷开锁装置缺失

根据设计要求逐层对层门门锁滚轮与轿门门刀之间的啮合宽度进行检查。层门门锁滚轮应与轿门门刀工作面完全接触，滚轮的工作面不应存在部分悬空的情况。如果采用独立开启的轿门开门限制装置，还应对轿门开锁门刀与轿门门锁滚轮之间的啮合宽度进行测量、校对。

根据设计要求逐层对轿门门刀的上下端部与层门地坎的运行间隙进行测量、校对。

（2）手动开关轿门使门刀动作，观察门刀各摆臂和销轴的运动状态，应灵活、无卡阻现象，且不存在锈蚀、磨损或松动的情况。

如果采用独立开启的轿门开门限制装置，还应对轿门开锁门刀或轿门锁的工作状态进行检查。

在层站外，手动触发轿门开门限制装置上的便捷开锁装置，应能顺畅地将轿门锁开启，而不应出现卡阻或难以开启的情况。

培训项目 3

轿厢对重设备维护保养

培训单元1　轿厢减振垫维护保养

能够对轿厢减振垫进行检查及调整

轿厢减振垫维护保养

操作准备

准备扳手、卷尺、线坠。

操作步骤

步骤1　将减振梁上的轿厢承载限位螺栓向上旋紧,轻轻顶住轿底C形槽中的压板螺栓,在调整轿厢的同时减小轿底的晃动。注意不要将限位螺栓拧得过紧,否则会影响轿底的水平度。限位螺栓是用来稳定轿底的,要等轿厢调整完毕再旋下。

步骤2　调整轿厢的垂直度和平整度。测量轿厢体的对角线,其偏差应小于2 mm;测量轿门门框的对角线,其偏差应小于2 mm;在轿厢不受外力的状况下,测量轿厢正面及侧面的垂直度,其偏差应小于1/1 000。

步骤3　固定轿顶卡板,卡板的减振垫与立柱的间隙两侧相加应不大于

0.5 mm。使轿厢受载，厢体能上下自由移动。拧紧所有厢体固定螺栓。

步骤4　在轿顶三个边（后面、两个侧面的边）上，用自攻螺栓将轿顶与轿壁固定（自攻螺栓应拧在轿壁折边处）。旋松减振梁上的轿厢承载限位螺栓，该螺栓与轿底C形槽中压板螺栓的距离应为14 mm。

培训单元2　对重缓冲距离检查调整

能够对对重缓冲距离进行检查

一、失效状态的识别与处置

失效模式一：曳引绳伸长导致对重缓冲距离过小，如图3-24所示。

解决措施：拆除适宜数量的对重架缓冲座，使对重底部的高度维持在上下标示线之间。如果对重底部没有安装缓冲座，则应截短曳引绳，提高对重的悬挂高度。曳引绳截短作业过程涉及起吊轿厢、拆除钢丝绳端接装置，具有一定的安全风险，应严格按照制造单位的相关要求进行作业。

图3-24　对重缓冲距离过小

失效模式二：曳引绳截短长度过大导致对重缓冲距离过大。

解决措施：增加对重架缓冲座数量，但不应超过制造单位设计要求的数量限制。在极端情况下，如果对重缓冲距离超过对重架缓冲座所能延长的最大长度，可尝试适当增加缓冲器支撑座，提高对重架缓冲座高度。

二、对重缓冲距离的检查方法

检查对重缓冲距离时，应首先确认对重底部（如果底部安装了对重架缓冲座，则以缓冲座底部为准）的高度是否处于对重缓冲器附近永久性上下标示线之间。

对于首次进行维护保养的电梯，如新梯交付、在用电梯改造后，应对对重缓冲器附近永久性标示线的高度进行确认。

培训项目 4　自动扶梯设备维护保养

培训单元 1　扶手带托轮、滑轮群、防静电轮和梯级传动装置维护保养

能够对扶手带托轮、滑轮群、防静电轮和梯级传动装置进行检查调整

一、失效状态的识别与处置

失效模式一：扶手带托轮倾斜导致扶手带跑偏，或者与相邻部件（如梯级）相互刮擦。

解决措施：拆除护壁板，调整扶手带托轮的位置，使之不再偏向一侧。

失效模式二：扶手带托轮、滑轮群、防静电轮的轴承卡阻而出现异常声响。

解决措施：更换扶手带托轮、滑轮群、防静电轮。

失效模式三：防静电轮的静电未完全去除，导致乘客手握扶手带时有触电的感觉。

解决措施：将防静电轮有效接地。

失效模式四：扶手带托轮、滑轮群、防静电轮的螺栓固定不牢，导致扶手带运行轨迹偏移。

解决措施：对松动的螺栓进行紧固。

失效模式五：扶手带托轮、滑轮群、防静电轮的滚轮表面存在杂质，导致扶手带运行轨迹偏移，且运行时容易打滑。

解决措施：清除扶手带托轮、滑轮群、防静电轮表面的杂质。

失效模式六：梯级传动装置中传动链表面有杂质，导致传动轴和传动链磨损加剧。

解决措施：清除传动链和传动轴上的杂质。

二、扶手带托轮、滑轮群、防静电轮、梯级传动装置的检查方法

1. 检修运行自动扶梯，分别拆除上、下端部护壁板，检查上、下端部的扶手带托轮是否倾斜。

2. 将自动扶梯内盖板或护壁板全部拆除，对所有扶手带托轮、滑轮群、防静电轮及梯级传动装置逐个进行检查。

（1）用手拨动扶手带托轮、滑轮群、防静电轮，检查扶手带托轮、滑轮群、防静电轮的轴承是否卡阻。

（2）检查防静电轮的防静电装置是否良好接地。

（3）检查扶手带托轮、滑轮群、防静电轮的螺栓是否固定可靠。

（4）检查扶手带托轮、滑轮群、防静电轮的滚轮表面是否有异物附着。

（5）检查传动链是否磨损，表面有无异物，传动轴是否损坏。

培训单元2　梯级维护保养

能够对进入梳齿板处的梯级与导向块的轴向窜动量进行检查调整

一、失效状态的识别和处置

1. 梯级导向机构定位不佳

失效模式一：进入梳齿板处的梯级与导向块的间隙过大，导致导向块失去导向作用，使梯级齿槽与梳齿相互刮擦、甚至相撞；或者，进入梳齿板处的梯级与导向块的间隙过小，导致梯级轴向窜动。

解决措施：将梯级与导向块的间隙调整至 0.5～1 mm，且间隙均匀。

失效模式二：进入梳齿板处的梯级与导向块的间隙不均匀，导致导向块局部磨损。

解决措施：更换导向块，将梯级与导向块的间隙调整至 0.5～1 mm，且间隙均匀，紧固导向块的固定螺栓。

2. 梯级导向机构固定不佳

失效模式：导向块固定螺栓松动导致导向块强度降低而失去导向作用，或导向块与梯级相互刮擦。

解决措施：紧固导向块固定螺栓。

二、进入梳齿板处的梯级与导向块的轴向窜动量的检查方法

检修运行自动扶梯至梳齿板导向块位于梯级中间，使用塞尺检查梯级与导向块的间隙是否超差。梯级与导向块的间隙应为 0.5～1 mm，平行度应为 1/100。导向块与梯级的间隙应均匀，不应出现导向块某一侧偏向梯级的情况。

打开转向站楼层板进入转向站，检修运行自动扶梯至易于拆卸梯级的位置，拆卸一个梯级，将拆除梯级后的空位运行至导向块恰好在其中间，检查导向块固定螺栓是否松动、摩擦面是否严重磨损。

培训单元3　梯级齿槽与梳齿的间隙检查调整

能够对梯级齿槽与梳齿间隙进行检查调整

梯级齿槽与梳齿的间隙检查调整

操作准备

准备安全护栏、自动扶梯运行钥匙、塞尺、内六角扳手或十字旋具、吸盘、扳手、自动扶梯梳齿板安全功能测试工具。

操作步骤

步骤1　在自动扶梯出入口放置安全护栏,如图3-25所示,确保无人搭乘后使自动扶梯停止运行。

步骤2　按下停止开关后,蹲立在上梳齿板附近的梯级上,用塞尺测量梯级齿槽与梳齿的间隙(d),应为0.5~1 mm,且梳齿应居中,如图3-26所示。

如果梯级齿槽与梳齿的间隙不满足要求,则用内六角扳手松开梳齿,左右调整直至满足要求,如图3-27所示;紧固梳齿。

步骤3　将梯级运行至梳齿位于梯级齿槽中间,在左、中、右三个位置用塞尺分别测量梳齿与梯级的啮合深度,应为3~4 mm。

步骤4　若啮合深度不符合要求,用吸盘拆除对应的不锈钢护壁板,如图3-28所示;或借助吸盘拆除内盖板(采用玻璃护壁板时)。

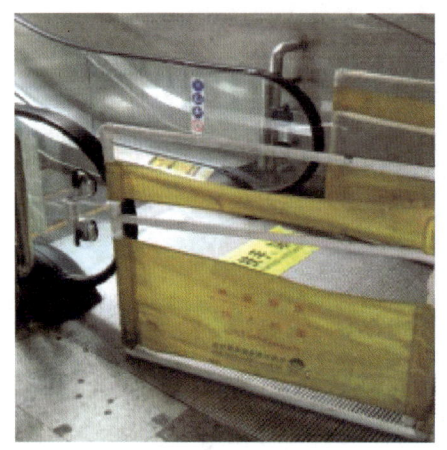
图 3-25 放置安全护栏

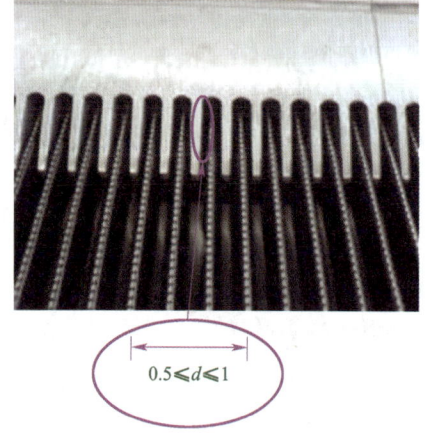
图 3-26 梯级齿槽与梳齿间隙

图 3-27 调整梳齿

图 3-28 拆除不锈钢护壁板

步骤 5 用呆扳手调节前沿板两侧的调节螺母。若啮合深度过大,将梳齿板向下调;若啮合深度过小,将梳齿板向上调,直至符合要求。

步骤 6 用塞尺检查导向件与梯级侧面的间隙是否为 0.2～0.5 mm,若不满足此要求,应通过加、减塞片调节,如图 3-29 所示,直至满足要求。

步骤 7 使用自动扶梯梳齿板安全功能测试工具测试梳齿板的安全功能是否有效。

步骤 8 用呆扳手拧紧侧向顶杆螺栓(见图 3-30),再将螺栓拧松一圈后紧固螺母。

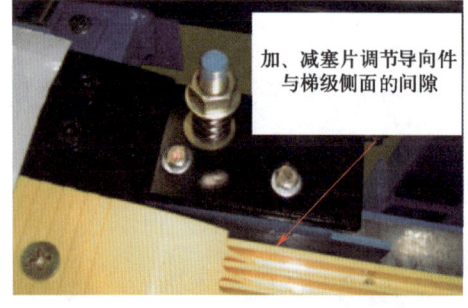
图 3-29 调整导向件与梯级间隙

图 3-30 侧向顶杆螺栓

步骤 9 安装不锈钢护壁板或内盖板。

培训单元 4 非操纵逆转和速度检测

熟悉自动扶梯非操纵逆转检测方法
能够使用速度检测仪对自动扶梯运行速度进行检测

非操纵逆转检测原理：自动扶梯两个接近式传感器感应齿轮盘上相邻两个齿之间的运动，输出脉冲信号；多功能安全控制板根据这两个传感器输出脉冲信号的先后顺序进行方向判断，并与接收到的上行或下行信号进行比较，如果不一致，则判断为发生非操作逆转；同时，如果在 1 s 内自动扶梯速度没有达到名义速度的 15%，也会判断为发生非操作逆转。

检测到非操作逆转后，自动扶梯控制系统的安全链被切断，使附加制动器线圈失电，自动扶梯便进入安全状态。

自动扶梯非操纵逆转检测

操作步骤

步骤 1 停止自动扶梯，并在自动扶梯出入口放置安全护栏。

步骤 2 利用自动扶梯非操作逆转检测原理，按照厂家规定，手动修改自动扶梯运行方向。

步骤3　运行自动扶梯，使它处于上行状态（此处为操作自动扶梯运行的方向，而非因手动修改后自动扶梯的实际运行方向），检查自动扶梯是否会自动停止运行。

步骤4　手动恢复自动扶梯的运行方向。

自动扶梯运行速度检测

操作准备

GSS-A自动扶梯自动安全性能检测仪。

操作步骤

步骤1　安装梯级传感器。使扶梯停止运行，在扶梯下端部梯级水平段安装梯级传感器（见图3-31），并使其测速轮有效接触踏板。安装梯级传感器时应先压紧吸盘再锁死，确保梯级传感器固定可靠。

图3-31　梯级传感器

步骤2　使用连接线将梯级传感器与GSS-A自动扶梯自动安全性能检测仪主机相连。

步骤3　进入主机接口，在主机接口中选择"设置"按钮，在弹出的子菜单中选择"测试参数"选项，如图3-32所示，并填入自动扶梯基础信息。

图3-32　主机接口及设置菜单

步骤4　恢复自动扶梯的正常运行。

步骤5　在自动扶梯匀速运行后，点击"测试"按钮即可开始测试。

步骤 6 等待自动扶梯运行一段时间（一般为 30~60 s）后，单击"停止"按钮停止测试。

步骤 7 点击主接口"报告"按钮，即可查看到自动扶梯实际的运行速度，如图 3-33 所示。

图 3-33 "报告"按钮及检测结果

思 考 题

1. 简述编码器失效状态的识别与处置。
2. 简述制动器间隙的检查方法和检查要求。
3. 简述轿门开门限制装置的检查步骤和操作方法。
4. 简述梯级齿槽与梳齿间隙的检查与调整步骤。
5. 简述自动扶梯非操纵逆转检测方法。

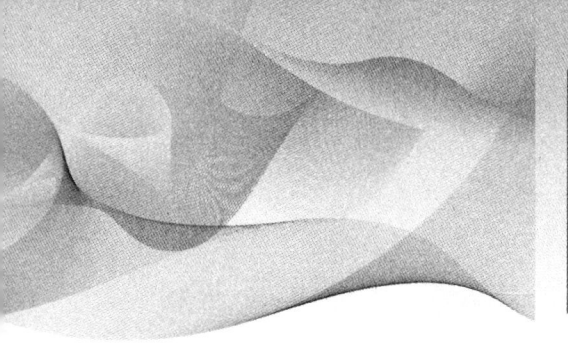

职业模块 ④ 改造更新

内容结构图

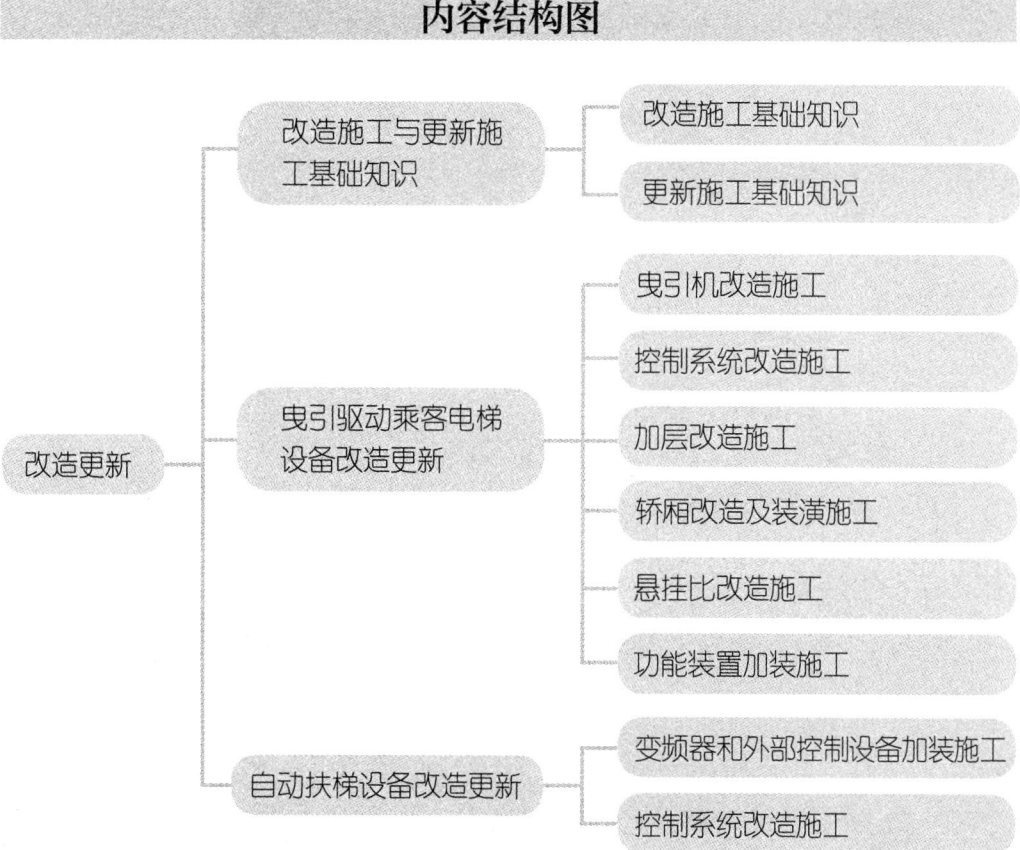

培训项目 1　改造施工与更新施工基础知识

培训单元1　改造施工基础知识

掌握改造的范围
掌握改造的要求

一、改造的范围和要求

1. 范围

（1）法律法规。《中华人民共和国特种设备安全法》（以下简称《特设法》）和《特种设备安全监察条例》（以下简称《特设条例》）都规定，电梯属于特种设备。

根据《特设法》第二条"特种设备的生产（包括设计、制造、安装、改造、修理）、经营、使用、检验、检测和特种设备安全的监督管理，适用本法"的规定，电梯改造属于特种设备生产环节，应当遵守《特设法》，改造施工应当符合安全技术规范及相关标准的要求。

《特设条例》第三条规定：特种设备的生产（含设计、制造、安装、改造、维修)、使用、检验检测及其监督检查，应当遵守本条例，但本条例另有规定的除外。

（2）部门规章。为了深入贯彻"放管服"改革要求，进一步规范电梯安装、改造、修理、维保等行为，降低企业施工过程的制度性交易成本，市场监督管理总局颁布了《市场监管总局关于调整〈电梯施工类别划分表〉的通知》（国市监特设函〔2019〕64号），调整后的《电梯施工类别划分表》自2019年6月1日起施行，原《电梯施工类别划分表（修订版）》同时作废。

在《电梯施工类别划分表》中，对电梯改造施工所包含的内容规定如下：改变电梯的额定（名义）速度、额定载重量、提升高度、轿厢自重（制造单位明确的预留装饰重量或累计增加/减少质量不超过额定载重量的5%除外）、防爆等级、驱动方式、悬挂方式、调速方式或控制方式；改变轿门的类型、增加或减少轿门；改变轿架受力结构、更换轿架或更换无轿架式轿。

（3）国家标准。目前现行的电梯类国家标准中，虽然没有改造的明确定义，但是对电梯"改装"和"重大改装"进行了详细描述。

1）在GB/T 18775《电梯、自动扶梯和自动人行道维修规范》中，对"改装"进行了描述，具体如下。

①在电梯设备交付使用后，由于某种原因对电梯及其部件进行的一系列操作，这些操作对电梯的特性会产生影响，如改变额定速度、额定载重量、轿厢重量，更换曳引机、轿厢、控制系统、导轨及导轨类型等。

②采用新技术、新材料全面地或部分地改进在用电梯的功能、性能、可靠性、安全性和装潢的这类改造也属于改装范畴。

2）根据国家标准GB 7588及其第1号修改单的规定，以下情况均应视为"重大改装"。

①改变，包括额定速度、额定载重量、轿厢质量、行程的改变。

②改变或更换，包括门锁装置类型（注意，同一种类型的门锁更换不算作重大改装）、控制系统、导轨或导轨类型、门的类型（或增加一个或多个层门或轿门）、电梯驱动主机或曳引轮、限速器、轿厢上行超速保护装置、缓冲器、安全钳、轿厢意外移动保护装置的改变或更换。

2. 要求

（1）资质许可。《特设法》规定：电梯的改造必须由电梯制造单位或者其委托的依照本法取得相应许可的单位进行；电梯制造单位委托其他单位进行电梯改造的，应当对其改造进行安全指导和监控，并按照安全技术规范的要求进行校验和调试；电梯制造单位对电梯安全性能负责。

（2）安全监察。根据《特设法》的规定，涉及电梯改造施工的安全监察工作主要如下。

电梯改造的施工单位应当在施工前将拟进行的改造情况书面告知直辖市或者设区的市级人民政府负责特种设备安全监督管理的部门。

电梯进行改造，按照规定需要变更使用登记的，应当办理变更登记，方可继续使用。

电梯存在严重事故隐患，无改造、修理价值，或者达到安全技术规范规定的其他报废条件的，电梯使用单位应当依法履行报废义务，采取必要措施消除该电梯的使用功能，并向原登记的负责特种设备安全监督管理的部门办理使用登记证书注销手续。

（3）安全评估。针对在用电梯的安全隐患，由第三方评估机构接受委托方委托，以实现电梯安全运行为目的，通过查找设备本体、使用管理、日常维护保养等环节中存在的风险隐患，对其进行风险分析和评定，并提出合理可行的安全对策。

为指导各地开展在用电梯安全评估工作，推动老旧电梯更新改造，原质检总局特种设备局组织制定了《在用电梯安全评估导则——曳引驱动电梯（试行）》，该导则于2015年10月试行。

部分省、自治区、直辖市也颁布了地方标准或规范指导在用电梯的安全评价工作，如 SZDB/Z 117《电梯安全评估规程》、DB62/T 2451《在用电梯安全评价规范》、DB41/T 1121《电梯安全评估规则》、DB31/T 885《在用电梯安全评估技术规范》等。

（4）技术资料和文件存档。根据《特设法》的规定：电梯改造竣工后，改造的施工单位应当在验收后三十日内将相关技术资料和文件移交电梯使用单位；电梯使用单位应当将其存入该电梯的安全技术档案。

（5）检验检测。根据《特设法》的规定：电梯改造过程应当经特种设备检验机构按照安全技术规范的要求进行监督检验；未经监督检验或者监督检验不合格的，不得出厂或者交付使用。

二、规格与型号

1. 规格

（1）定义。在《电梯施工类别划分表》中，规格是指制造单位对产品不同技术参数、性能的标注，如工作原理、机械性能、结构、部件尺寸、安装位置等。

（2）举例。以电梯的曳引机为例进行说明，相同技术参数不同规格的曳引机见表4-1。

表4-1　相同技术参数不同规格的曳引机

部件名称	蜗轮蜗杆曳引机	行星齿轮曳引机	永磁同步无齿轮曳引机
技术参数	额定载重量1 000 kg、额定速度1.5 m/s		
工作原理	蜗轮蜗杆减速	行星齿轮减速	同步电动机直接驱动
机械性能	机械效率低	机械效率较高	机械效率高
结构	组成部件多、结构复杂	组成部件较多、结构复杂	组成部件少、结构简单
部件尺寸	外形体积大	外形体积较小	外形体积小
安装位置	机房上置式	机房上置式	多个安装位置

2. 型号

（1）定义。在《电梯施工类别划分表》中，型号是指制造单位对产品按照类别、品种并遵循一定规则编制的产品代码。

（2）举例。以电梯的驱动主机为例进行说明，相同技术参数不同型号的曳引机见表4-2。

表 4-2　相同技术参数不同型号的曳引机

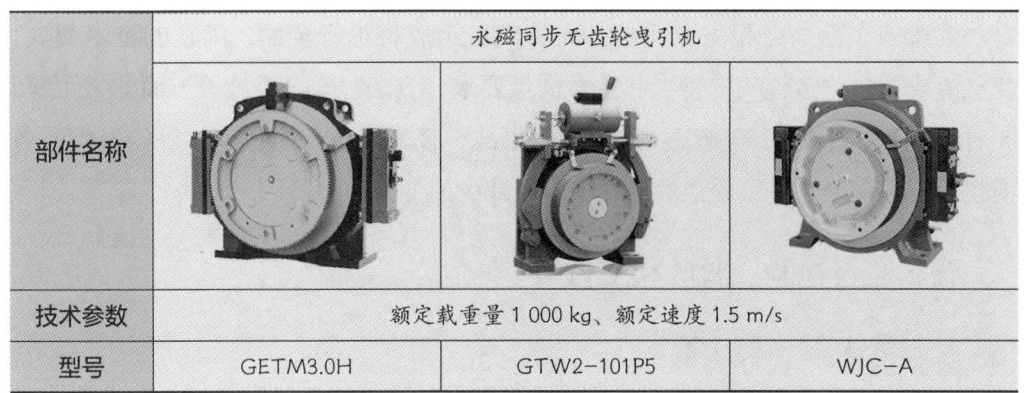

部件名称	永磁同步无齿轮曳引机		
技术参数	额定载重量 1 000 kg、额定速度 1.5 m/s		
型号	GETM3.0H	GTW2-101P5	WJC-A

三、组织施工

1. 熟悉改造方案

作为改造施工的班组成员，应对改造方案通读数遍，充分理解方案中的每个安全环节、每步施工流程、每个零部件、每件工器具、每个质量控制点、每个衔接处，对改造方案了如指掌。

2. 牢记施工流程

熟悉改造方案后，施工班组应当对整个施工流程进行"沙盘演练"，要求每个班组成员熟悉各自岗位职责、工作内容、安全防护要求、质量要求、技术难点等，以及发生意外情况的应急措施，并把施工流程牢记于心。

四、相关准备工作

1. 班组人员准备

确定施工班组成员，根据个人技能水平明确各自职责分工，做到相互理解、相互配合。

2. 工具和设备准备

根据改造施工项目和内容准备相应工具和设备，尤其是专用的工具和设备，正所谓"工欲善其事，必先利其器"。充分的准备将有助于保证施工安全、提高工作效率和提升施工质量。

建立改造施工的工具和设备台账，并对工具和设备的安全状态进行检查和验证，及时更换不符合安全标准的工具和设备。对检测仪器和设备的计量检定证书进行查验，保证其在有效期内。

3. 施工交底

改造施工前，由相关专业技术人员向班组成员进行全面、细致的技术交底，使班组成员对改造施工的特点、技术质量要求、方法、安全措施等方面非常了解，同时也便于科学地组织施工，避免安全事故、技术事故、质量事故等的发生。各项技术交底记录也是工程技术档案中不可缺少的部分。

五、监督检验、验收和交付

1. 监督检验

（1）施工班组自检。改造施工项目完成后应进行施工班组自检，在自检合格的基础上由制造单位进行工厂检验，并按照规定的期限完成不合格项目整改工作。最后收集、整理全部施工资料后，配合监督检验机构实施改造监督检验。

（2）改造监督检验。相关资料（不限于）如下。

1）改造许可证明文件和改造告知书，许可范围能够覆盖受检电梯的相应参数。

2）改造的清单以及施工方案，施工方案的审批手续齐全。

3）加装或者更换的安全保护装置和主要部件的产品质量证明文件、型式试验证书，以及限速器和渐进式安全钳的调试证书（如发生更换）。

4）拟加装自动救援操作装置、能量回馈装置、读卡器等时的相关资料（属于改造时）。

①加装方案（含电气原理图和电气接线图）。

②产品质量证明文件，标明产品型号、产品编号、主要技术参数，并且有产品制造单位的公章或者检验专用章及制造日期。

③相关的说明书，包括安装、使用、日常维护保养及应急救援操作方面的说明书。

5）施工现场作业人员应持有的特种设备作业人员证。

6）施工过程记录和自检报告，检查和试验项目齐全、内容完整，施工和验收手续齐全。

7）改造质量证明文件，包含电梯的改造或者重大修理合同编号、改造或者重大修理单位的许可证明文件编号、电梯使用登记编号、主要技术参数等内容，并且有改造或者重大修理单位的公章或者检验专用章及竣工日期。

说明：上述文件如果是复印件，则必须经改造或者重大修理单位加盖公章或者检验专用章。其中1)~5)项在施工前向监督检验机构提供,6)项在进行监督检验时由监督检验机构审查,7)项在竣工时由监督检验机构审查。

(3)整改。取得监督检验机构的改造监督检验报告后,对不符合要求的项目进行及时整改,保证在合同约定工期内完成全部改造施工。

2. 验收

改造施工竣工后,应及时通知使用单位,组织相关人员共同对改造项目进行验收。验收时,应根据改造施工合同逐项检查和验证改造施工结果是否满足要求。

3. 交付

验收合格后,应及时与使用单位办理竣工交付手续,并督促使用单位在规定的时间内办理相关特种设备改造登记手续,同时协助使用单位建立改造后的电梯技术档案。

电梯改造施工基本流程

电梯改造一般分为前期、中期、后期三个施工阶段,每个阶段配合、衔接紧密并各有重点。

一、前期施工(见表4-3)

表4-3 电梯改造前期施工基本流程

主要内容	工作重点
安全评估	针对在用电梯的设备本体及其在使用管理、日常维护保养中存在的风险隐患进行安全评估,如电梯设备老化磨损或其他不符合规范标准要求的情况。根据安全状况等级判定方法,综合存在的风险和降低风险措施的成本,安全评估机构给出改造项目相应的安全评估结论和相关建议
现场勘查	对现有设备、使用环境、工作条件、土建尺寸等进行详细的现场勘查
改造项目和内容	结合使用单位具体要求,根据国家现行法规、安全技术规范、相关标准等,协商确定改造的项目、内容、工期、费用、流程等

续表

主要内容	工作重点
编制改造方案	根据确定的改造项目、内容、工期等编制改造施工方案,包含且不限于改造项目概况、施工组织架构、改造内容、安全要求、质量要求、工期要求、技术要求、执行标准、施工班组、施工器械、施工流程、现场调试、检验及检测、环境保护措施、文明施工措施、应急预案、协调单位等,并经相关责任人员审核、批准
现场公示	使用单位应在施工现场张贴施工告知函,并采取保证现场施工安全的各项措施
零部件	采购符合改造施工要求的零部件,并按照工期要求运抵施工现场
施工班组	根据改造项目和内容确定改造施工班组成员,包括项目负责人、施工员、安全员、调试员、检验员、资料员等
工具设备	根据改造项目和内容为施工班组配置相应的工器具、设备设施、检验仪器等
施工告知	改造施工前,按照《特设法》要求办理改造施工告知手续
技术交底	进场施工前,对施工班组进行安全、质量、技术、工期等方面的交底

二、中期施工(见表4-4)

表4-4 电梯改造中期施工基本流程

主要内容	工作重点
检验申请	改造施工单位应当在按照规定履行告知后、开始施工前(不包括设备开箱、现场勘测等准备工作),向检验机构申请监督检验
安全防护	对改造施工现场进行全面安全防护,落实各项安全保护措施
质量确认	改造施工单位应按照设计文件和标准的要求对电梯机房(或者机器设备间)、井道、层站等涉及电梯施工的土建工程进行检查,对电梯制造质量(包括零部件、安全保护装置等)进行确认,并且做好记录,符合要求后方可进行电梯改造施工
改造施工	根据改造施工方案,改造施工单位应当按照相关安全技术规范和标准的要求保证施工质量,真实、准确地填写施工记录或者报告,对施工质量负责,对所提供的相关文件、资料的真实性及其与实物的一致性负责
调试自检	按照改造施工进度进行各环节调试和施工自检,并出具自检报告
制造厂检	制造单位应当对改造进行安全指导和监控,并按照安全技术规范的要求进行校验和调试
试运行	对改造后的电梯按照施工方案和制造单位指导要求进行试运行
监督检验	改造施工单位应当向检验机构提供符合TSG T7001附件A要求的有关文件、资料,并安排相关的专业人员配合检验机构实施检验

三、后期施工（见表 4-5）

表 4-5 电梯改造后期施工基本流程

主要内容	工作重点
注册登记	电梯改造完成后，使用单位应在电梯投入使用前或者投入使用后三十日内向登记机关提交原使用登记证书、重新填写的使用登记表（一式两份）、改造质量证明资料及改造监督检验证书，申请变更登记，领取新的使用登记证书。登记机关应在原使用登记证书和原使用登记表上做注销标记
组织验收	根据改造施工方案及合同要求，改造施工单位与使用单位共同组织改造施工验收，并在验收后三十日内将相关技术资料和文件移交使用单位，使用单位应将其存入该电梯的安全技术档案
交付使用	通过验收后，改造施工单位向使用单位正式交付电梯，电梯投入正常运行
质保服务	按照改造施工合同要求，改造施工单位应向使用单位提供质保期内各项约定服务，并组织客户回访

培训单元 2 更新施工基础知识

掌握更新的范围
掌握更新的要求

一、更新的范围和要求

1. 范围

（1）法律法规。更新的前提条件是报废，但在我国现行与电梯相关的法律法规中，尚未明确规定电梯的使用年限或其他报废条件。

《特设法》第四十八条规定："特种设备存在严重事故隐患，无改造、修理价值，或者达到安全技术规范规定的其他报废条件的，特种设备使用单位应当依法履行报废义务，采取必要措施消除该特种设备的使用功能，并向原登记的负责特种设备安全监督管理的部门办理使用登记证书注销手续。前款规定报废条件以外的特种设备，达到设计使用年限可以继续使用的，应当按照安全技术规范的要求通过检验或者安全评估，并办理使用登记证书变更，方可继续使用。允许继续使用的，应当采取加强检验、检测和维护保养等措施，确保使用安全。"

（2）部门规章。《在用电梯安全评估导则——曳引驱动电梯（试行）》提出：对存在风险项目的零部件或系统不能通过修理或改造恢复其安全功能的，或修理、改造、更换零部件的价值高于同类整机价值的50%的，宜对该电梯进行更新。

（3）国家标准。目前现行国家标准中无电梯、自动扶梯和自动人行道的整机更新标准，但是针对零部件提出了明确的报废技术条件，具体内容读者可以查阅GB/T 31821《电梯主要部件报废技术条件》、GB/T 37217《自动扶梯和自动人行道主要部件报废技术条件》。

2. 要求

（1）资质许可。电梯报废时应拆除原有老旧电梯，并安装新电梯。对于电梯拆除施工，目前尚无明确的资质许可规定。对于电梯安装施工，《特设法》规定：电梯的安装必须由电梯制造单位或者其委托的依照本法取得相应许可的单位进行；电梯制造单位委托其他单位进行电梯安装的，应当对其安装过程进行安全指导和监控，并按照安全技术规范的要求进行检验和调试；电梯制造单位对电梯安全性能负责。

（2）报废登记。TSG 08《特种设备使用管理规则》对特种设备报废的处理要求规定如下。

对存在严重事故隐患，无改造、修理价值的特种设备，或者达到安全技术规范规定的报废期限的，应当及时予以报废，产权单位应当采取必要措施消除该特种设备的使用功能。特种设备报废时，按台（套）登记的特种设备应当办理报废手续，填写《特种设备停用报废注销登记表》，向登记机关办理报废手续，并且将使用登记证书交回登记机关。

非产权所有者的使用单位经产权单位授权办理特种设备报废注销手续时，需提供产权单位的书面委托或者授权文件。

使用单位和产权单位注销、倒闭、迁移或者失联,未办理特种设备注销手续的,登记机关可以采用公告的方式停用或者注销相关特种设备。

(3)安全评估。参考"改造施工基础知识"的相关内容。

二、组织施工

1. 熟悉更新方案

电梯更新施工方案,除了应包含传统的电梯安装施工方案中的内容外,还应包含旧梯拆除和现场安全防护工作的内容,这也是更新工程中容易发生事故的重点环节。

更新项目与新安装项目的施工环境完全不同。更新项目是在已经投入使用的建筑物中进行施工,应事先进行专业的安全风险评估,对施工环境、作业流程、安全防护、应急措施等方面进行充分的调研和讨论,以制订科学合理的更新施工方案。

2. 确定施工流程

更新施工流程的重点在于前期准备和施工期间的安全防护,应针对每个更新项目的现场实际情况确定相应的施工流程。特别是旧梯拆除环节,应编制作业指导书并严格落实各项安全防护工作。

其他流程可参照标准流程执行。

三、相关准备工作

更新工程准备工作的重点是旧梯拆除前的各项准备工作,包括现场安全防护措施的制定、工具设备的准备、施工班组的组建、安全和技术交底等。

四、监督检验、验收和交付

1. 监督检验

(1)施工班组自检。更新施工项目完成后应进行施工班组自检,在自检合格的基础上由制造单位进行工厂检验,并按照规定的期限完成不合格项目整改工作。最后收集、整理全部施工资料后,配合电梯监督检验机构实施更新监督检验。

(2)更新监督检验。相关资料(不限于)如下。

1)安装许可证明文件和安装告知书,许可范围能够覆盖受检电梯的相应参数。

2)施工方案,审批手续齐全。

3）用于安装该电梯的机房（机器设备间）、井道布置图或者土建布置图，有经安装单位确认、符合要求的声明并加盖公章或者检验专用章。

4）施工过程记录和由电梯整机制造单位出具或者确认的自检报告，检查和试验项目齐全、内容完整，施工和验收手续齐全。

5）变更设计证明文件（如果安装中有变更设计），履行了由使用单位提出、经电梯整机制造单位同意的程序。

6）安装质量证明文件，包含电梯安装合同编号、安装许可证明文件编号、产品编号、主要技术参数等内容，并且有安装单位公章或者检验专用章及竣工日期。

说明：上述文件如果是复印件，则必须经安装单位加盖公章或者检验专用章。其中1）～3）项在施工前向监督检验机构提供，且3）项在监督检验机构进行其他项目检验、需要与现场实际情况核对时应由其再次审查；4）、5）项在进行监督检验时由监督检验机构审查；6）项在竣工时由监督检验机构审查。

（3）整改。取得监督检验机构的更新监督检验报告后，对不符合要求的项目进行及时整改，保证在合同约定工期内完成全部更新施工。

2. 验收

更新施工竣工后，应及时通知使用单位，组织相关人员共同对更新项目进行验收。验收时应根据更新施工合同的要求，逐项检查和验证更新施工结果是否满足合同要求。

3. 交付

验收合格后，应及时与使用单位办理竣工交付手续，并督促使用单位在规定的时间内办理相关特种设备注册登记手续，同时协助使用单位建立更新后的电梯技术档案。

电梯更新施工基本流程

电梯更新一般分为前期、中期、后期三个施工阶段，每个阶段配合、衔接紧密并各有重点。

一、前期施工（见表 4-6）

表 4-6 电梯更新前期施工基本流程

主要内容	工作重点
安全评估	针对在用电梯的设备本体及其在使用管理、日常维护保养中存在的风险隐患进行安全评估，如电梯设备老化磨损或其他不符合规范标准要求的情况。根据安全状况等级判定方法，综合存在的风险和降低风险措施的成本，安全评估机构给出更新项目相应的安全评估结论和相关建议
现场勘查	对现有设备、使用环境、工作条件、土建尺寸等进行详细的现场勘查
更新项目和内容	结合使用单位具体要求，根据国家现行法规、安全技术规范、相关标准等，协商确定更新后的技术参数、功能要求等
编制更新方案	根据确定的更新项目、内容、工期等编制更新施工方案，包含且不限于更新项目概况、施工组织架构、更新内容、安全要求、质量要求、工期要求、技术要求、执行标准、施工班组、施工器械、施工流程、现场调试、检验及检测、环境保护措施、文明施工措施、应急预案、协调单位等，并经相关责任人员审核、批准
办理报废手续	对存在严重事故隐患，无改造、修理价值的电梯，或者达到安全技术规范规定的报废期限的，应当及时予以报废，产权单位应当采取必要措施消除该电梯的使用功能。电梯报废时，按台（套）登记的应当办理报废手续，填写《特种设备停用报废注销登记表》，向登记机关办理报废手续，并且将使用登记证书交回登记机关
旧梯拆除	对原有的在用电梯进行拆除
更新产品	采购符合更新施工要求的电梯，并按照工期要求运抵施工现场
施工班组	根据更新项目和内容确定更新施工班组成员，包括项目负责人、施工员、安全员、调试员、检验员、资料员等
工具设备	根据更新项目和内容为施工班组配置相应的工器具、设备设施、检验仪器等
施工告知	更新施工前，按照《特设法》要求办理更新施工告知手续
技术交底	进场施工前，对施工班组进行安全、质量、技术、工期等方面的交底

二、中期施工（见表4-7）

表4-7 电梯更新中期施工基本流程

主要内容	工作重点
检验申请	更新施工单位应当在按照规定履行告知后、开始施工前（不包括设备开箱、现场勘测等准备工作），向检验机构申请监督检验
安全防护	对更新施工现场进行全面安全防护，落实各项安全保护措施
质量确认	更新施工单位应按照设计文件和标准的要求对电梯机房（或者机器设备间）、井道、层站等涉及电梯施工的土建工程进行检查，对电梯制造质量（包括零部件、安全保护装置等）进行确认，并且做好记录，符合要求后方可进行电梯更新施工
更新施工	根据更新施工方案，更新施工单位应当按照相关安全技术规范和标准的要求保证施工质量，真实、准确地填写施工记录或者报告，对施工质量负责，对所提供的相关文件、资料的真实性及其与实物的一致性负责
调试自检	按照更新施工进度进行各环节调试和施工自检，并出具自检报告
制造厂检	制造单位应当对更新进行安全指导和监控，并按照安全技术规范的要求进行校验和调试
试运行	对更新后的电梯按照施工方案和制造单位指导要求进行试运行
监督检验	更新施工单位应向检验机构提供符合 TSG T7001 附件 A 要求的有关文件、资料，并安排相关的专业人员配合检验机构实施检验

三、后期施工（见表4-8）

表4-8 电梯更新后期施工基本流程

主要内容	工作重点
注册登记	电梯更新完成后，使用单位应在电梯投入使用前或者投入使用后三十日内向电梯所在地的直辖市或者设区的市的特种设备安全监管部门申请办理使用登记，办理使用登记的直辖市或者设区的市的特种设备安全监管部门可以委托其下一级特种设备安全监管部门办理使用登记。对于整机出厂的新电梯，一般应当在投入使用前办理使用登记
组织验收	根据更新施工方案及合同要求，更新施工单位与使用单位共同组织更新施工验收，并在验收后三十日内将相关技术资料和文件移交使用单位，使用单位应当将其存入该电梯的安全技术档案
交付使用	通过验收后，更新施工单位向使用单位正式交付电梯，电梯投入正常运行
质保服务	按照更新施工合同要求，更新施工单位应向使用单位提供质保期内各项约定服务，并组织客户回访

培训项目 2 曳引驱动乘客电梯设备改造更新

培训单元 1　曳引机改造施工

熟悉曳引机改造的内容和要求
掌握曳引机改造的施工流程及要点

一、熟悉改造施工方案

在对曳引机进行改造施工前,施工单位应组织召开施工交底会,向施工班组负责人详细介绍改造施工方案,并对各项内容和要求进行逐条解释和说明。

施工班组负责人在交底会中应全面了解改造施工方案,如项目概况、施工规划、前期准备、施工过程、工艺方法、工具仪器、施工设备、质量标准、安全要求、风险控制等,认真对改造施工过程进行分析,并结合施工现场实际情况补充完善施工方案。

进入现场后,施工班组负责人应与使用单位的相关负责人和安全管理人员组织召开施工交流会,听取使用单位的具体要求和意见,对施工方案中的问题及时与施工单位进行沟通,协商内容细化和局部调整。施工方案并非一成不变的,必须与现场实际情况相结合,应做到切实可行。

应重点掌握曳引机的改造细节,如规格、型号、安装尺寸、技术参数、性能指标等,以及新曳引机与原曳引机的区别,以便对施工方案进行确认和落实。

二、确认曳引机的安装位置

根据改造施工方案确认曳引机的安装位置。曳引机的安装位置及改造注意事项见表4-9。

表4-9 曳引机的安装位置及改造注意事项

安装位置	图例	改造注意事项
上置式有机房		1. 曳引机和机架与机房墙壁的距离 2. 机房地面的曳引绳孔洞位置
上置式无机房		1. 曳引机与井道壁的距离 2. 曳引机与井道顶部的距离
下置式无机房		1. 曳引机与井道壁的距离 2. 曳引机与底坑地面的距离
侧置式无机房		1. 曳引机与井道外壁的距离 2. 曳引绳的悬挂和缠绕方式

续表

安装位置	图例	改造注意事项
轿顶式无机房		1. 轿厢结构与曳引机的安装位置 2. 曳引绳的悬挂和缠绕方式

三、确认曳引机的调速方式

根据改造施工方案确认曳引机的调速方式。曳引机的调速方式及改造注意事项见表 4-10。

表 4-10 曳引机的调速方式及改造注意事项

调速方式	图例	改造注意事项
交流单速调速		这种调速方式适用于杂物电梯的改造
交流变极调速（ACVP）		这种调速方式适用于大吨位载货电梯的改造
交流调压调速（ACVV）		这种调速方式已基本淘汰，不建议改造时选用

续表

调速方式	图例	改造注意事项
交流变压变频调速（VVVF）		这种调速方式目前较常用，在改造项目中涉及较多

四、确认曳引机减速器的类型

根据改造施工方案确认曳引机减速器的类型（含无减速器曳引机）。曳引机减速器的类型及改造注意事项见表4-11。

表4-11 曳引机减速器的类型及改造注意事项

类型	图例	改造注意事项
蜗轮蜗杆减速器		这种曳引机减速器一般用于载货电梯的改造
斜齿轮减速器		这种曳引机减速器一般用于乘客电梯的改造，但用量较少
行星齿轮减速器		

续表

类型	图例	改造注意事项
皮带减速器		这种曳引机减速器一般用于乘客电梯的改造,但用量较少
无减速器（永磁同步无齿轮曳引机）		这种无减速器的曳引机在改造项目中涉及较多

五、确认曳引机减速器蜗杆的安装位置

根据改造施工方案确认曳引机减速器蜗杆的安装位置。曳引机减速器蜗杆的安装位置及优缺点见表4-12。

表4-12 曳引机减速器蜗杆的安装位置及优缺点

安装位置	图例	优缺点
水平置式		优点：运转平稳，可承受大载荷 缺点：外形体积较大，占地面积较大
垂直置式		优点：运转平稳，占用面积较小 缺点：对额定载重量及提升高度有一定限制

续表

安装位置	图例	优缺点
倾斜置式		优点：运转平稳，占用面积较小，可用于无机房电梯 缺点：安装和固定机座的方案较复杂

六、确认曳引机蜗杆与蜗轮的位置关系

根据改造施工方案确认曳引机蜗杆与蜗轮的位置关系。曳引机蜗杆与蜗轮的位置关系及改造注意事项见表4-13。

表4-13　曳引机蜗杆与蜗轮的位置关系及改造注意事项

位置关系	图例	改造注意事项
蜗杆上置式		这种位置关系的曳引机对额定载重量有一定的限制。使用时应定期检查减速器润滑油，缺油后容易导致减速器损坏
蜗杆下置式		这种位置关系的曳引机可用于中低速的乘客电梯以及大载重量载货电梯。使用时应定期检查减速器润滑油

七、确认曳引轮的布置形式

根据改造施工方案确认曳引轮的布置形式。曳引轮的布置形式及改造注意事项见表4-14。

表 4-14　曳引轮的布置形式及改造注意事项

布置形式	图例	改造注意事项
左置式		应从电动机尾端方向观察，曳引轮在电动机左侧。注意承重梁与曳引轮尺寸、原电梯轿厢及对重的曳引绳孔洞位置
右置式		应从电动机尾端方向观察，曳引轮在电动机右侧。注意承重梁与曳引轮尺寸、原电梯轿厢及对重的曳引绳孔洞位置

八、确认曳引轮的支撑方式

根据改造施工方案确认曳引轮的支撑方式。曳引轮的支撑方式及改造注意事项见表 4-15。

表 4-15　曳引轮的支撑方式及改造注意事项

支撑方式	图例	改造注意事项
单支撑式/悬臂式		这种支撑方式的曳引轮对额定载重量及提升高度有一定限制，一般用于轻载中低速乘客电梯
双支撑式		这种支撑方式的曳引轮一般用于低速大载重量载货电梯

九、确认曳引机承重梁的布置形式

根据改造施工方案确认曳引机承重梁的布置形式。曳引机承重梁的布置形式及改造注意事项见表 4-16。

表 4-16 曳引机承重梁的布置形式及改造注意事项

布置形式	图例	改造注意事项
三梁承重		注意曳引机与承重梁的固定位置,特别是曳引绳与承重梁的间隙,防止曳引绳与承重梁发生摩擦
双梁承重		
导轨承重		注意曳引机与井道壁之间的距离,固定曳引机的承重导轨应为 T 形导轨

十、确认曳引机机座的固定方式

根据改造施工方案确认曳引机机座的固定方式。曳引机机座的固定方式及改造注意事项见表 4-17。

表 4-17　曳引机机座的固定方式及改造注意事项

固定方式	图例	改造注意事项
刚性固定		这种固定方式的曳引机一般用于载货电梯、客货电梯、低速乘客电梯
弹性固定		这种固定方式的曳引机一般用于中高速乘客电梯。弹性底座与曳引机和承重梁固定时应合理布局，防止曳引机重心偏移

十一、确认技术文件和参数

根据曳引机改造施工方案中编制依据的招标文件、施工合同、土建图样、曳引机产品说明书、参数表等文件和技术资料，对前期现场勘查的各项数据进行复核确认，避免在施工过程中出现偏差。

1. 曳引机技术参数

在现场仔细核对曳引机技术参数，确认是否符合相关文件要求。如果不符合要求应立即向施工单位和使用单位的相关负责人反映，查找原因并及时处理。

2. 安装位置和尺寸

在改造或更新不同规格的曳引机时，测量新曳引机的安装位置和尺寸，并与现场具体位置和实际尺寸进行复核，防止在施工中出现偏差而导致后期维护保养或更换零部件出现问题。例如，安装位置不当造成无法安装盘车手轮，无法实现紧急状态下的盘车救援操作；曳引轮布置方向错误造成编码器损坏后无法更换，必须重新吊装曳引机才能完成更换作业。

诸如此类问题都必须在改造施工前认真复核，以避免或减少重复性施工。

技能要求

曳引机改造施工

操作准备

1. 设置警示标志

在施工现场的出入口、电梯的各层站、机房门等处设置警示标志。

2. 张贴施工告知函

在施工现场容易被乘客关注的醒目地点张贴施工告知函，并注明施工项目、施工内容、施工周期、项目负责人、安全注意事项等。

3. 准备工具、设备

按照曳引机改造施工方案中的工具设备清单做好准备。

4. 做好岗位分工

按照施工方案中的作业流程和施工地点确定相关施工环节的具体施工作业人员。

5. 做好安全防护措施

按照《电梯拆除作业指导书》和施工方案的要求做好施工现场的各项安全防护措施。

操作步骤

步骤1 拆除原曳引机

（1）支撑对重。选择具有一定高度、平直的坚固木材或钢材作为支撑物，支撑物应能够承载对重及悬挂钢丝绳的全部重量。施工人员甲蹲在底坑中对重位置下方的外侧，将支撑物竖直放置在对重缓冲器侧面。支撑物一端与底坑地面接触，另一端朝向对重下方横梁的位置。施工人员乙在轿顶检修点动操作使轿厢上行，使支撑物与底坑地面和对重可靠接触，并保证支撑物在垂直方向上受力。当对重完全压住支撑物后，应使用锤子等工具适当敲击支撑物以确认对重已被可靠支撑，如图4-1所示。

（2）起吊并悬挂轿厢。在机房的施工人员丙使用手拉葫芦及起重钢丝绳固定并起吊轿厢，如图 4-2 所示。

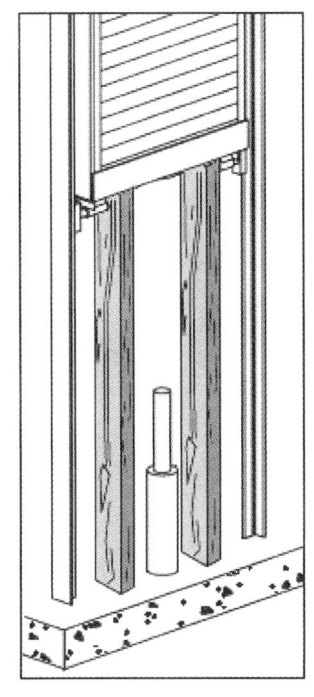

图 4-1 支撑对重

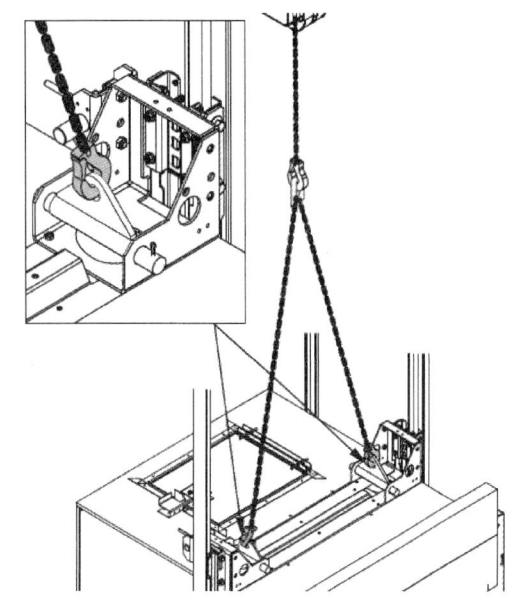

图 4-2 起吊轿厢

特别注意的是，悬挂轿厢后应人为动作限速器，使安全钳保持动作状态，且安全钳楔块应与导轨紧密贴合，这样即便悬挂装置失效，仍能通过安全钳使悬挂的轿厢得到二次保护，从而避免施工人员受到伤害。

（3）取下悬挂装置。将轿厢起吊后并向上提拉至一定位置，先将钢丝绳或钢带等悬挂装置进行编号，防止改造或更新后放入绳槽时错位，再将悬挂装置从曳引轮绳槽中取出，并逐根放置在曳引机承重梁旁边。如果悬挂装置对曳引机的安装位置产生影响或触碰曳引机，应将其可靠固定。

（4）拆除曳引机。参考中级"机房设备安装调试"的相关内容和要求，按照相反的作业流程将曳引机从承重钢梁上取下并放置在机房地面上，同时拆除与其相关的底座、导向轮等部件。

步骤 2　定位曳引机

根据机房土建布置图、曳引机产品说明书等技术资料确定改造或更新后曳引机的安装位置。当曳引机规格发生变化后，一定要再次确认曳引轮中心线与轿厢和对重中心线的相对位置，如图 4-3 所示。

注意，在改造或更新曳引机时，当安装尺寸等参数变化需要调整或改变承重梁位置时，应增加曳引机机座过渡钢板（见图4-4）或拆除原有承重梁后，按照新的土建布置图重新安装。

图4-3 改造前后曳引机中心位置已发生变化

图4-4 增加曳引机机座过渡钢板

步骤3　安装及调试曳引机

对改造或更新后的曳引机进行安装及调试，具体步骤参考中级"机房设备安装调试"的相关内容。

培训单元2　控制系统改造施工

熟悉控制系统改造的内容和要求
掌握控制系统改造的施工流程及要点

一、熟悉改造施工方案

改造的目的是对原有控制系统进行升级换代，以提高电梯运行效率和降低故障率，因此必须了解控制系统的基本知识。从宏观上看，控制系统的基本知识包含了控制方式和调速方式两方面的内容。熟悉控制系统改造施工方案的流程，可参考"曳引机改造施工"的相关内容。

应重点掌握控制系统的改造细节，如控制装置和调速装置的规格、型号、技术参数、性能指标、安装工艺等，以及新控制系统与原控制系统的区别，以便对施工方案进行确认和落实。

二、确认控制方式

根据改造施工方案确认控制系统改造项目的控制方式。控制方式及改造注意事项见表 4-18。

表 4-18　控制方式及改造注意事项

控制方式	图例	改造注意事项
集选控制		集选控制是目前最常见和使用最广泛的控制方式。电梯原手柄控制方式、信号控制方式可改造为集选控制方式
下集选控制		下集选控制的特点是每层仅一个外呼按钮，轿厢下行时顺向停靠。它多用于住宅电梯，可在加装电梯项目中采用
并联控制		与集选控制相比，并联控制的运行效率更高。原两台集选控制电梯可改造为并联控制电梯，但是控制装置必须规格、型号一致

续表

控制方式	图例	改造注意事项
群控控制		与并联控制相比,群控控制的运行效率更高。原并联和多台集选控制电梯可改造为群控控制电梯,但是控制装置必须规格、型号一致
目的楼层控制		目的楼层控制是一种全新的控制方式,完全改变了传统的电梯选层模式。原并联和多台集选控制电梯可改造为目的楼层控制电梯,但是控制装置必须规格、型号一致,且使用人员必须经过专门培训

三、确认控制装置

根据改造施工方案确认控制系统改造项目的控制装置。控制装置说明见表4-19。

表4-19 控制装置说明

控制装置	图例	说明
PLC(可编程逻辑控制器)		20世纪90年代初期,国内大量使用这种控制装置,但目前较少使用。它具有可靠性高、故障率低、现场程序调试简单等优点,但因造价高其市场份额逐渐降低
微机		无论原控制装置采用何种类型,均可改造为微机。它是使用较为广泛的控制装置,具有并行通信和串行通信两种通信方式
一体机		一体机是目前使用量最大的控制装置,它将电梯的控制装置和调速装置组合装配,具有适用范围广、操作简单、维修更换简便、维护成本低等优点

四、确认调速方式

根据改造施工方案确认控制系统改造项目的调速方式。调速方式说明及改造注意事项见表 4-20。

表 4-20　调速方式说明及改造注意事项

调速方式	说明	改造注意事项
交流单速调速	交流单速调速是由交流单速电动机完成的。交流单速电动机是低速的，一般用于杂物电梯	—
交流双速调速	交流双速调速是传统的电梯调速方式，但目前仍有部分在用电梯采用	随着技术发展，这些调速方式已逐步退出电梯市场，改造和更新旧梯时不建议使用单位采用
交流调压调速	交流调压调速是20世纪80年代中后期应用较多的调速方式。与交流双速调速方式相比，它具有响应速度快、运行舒适感好等特点，但因能耗过高已被淘汰	
直流调压调速	直流调压调速具有良好的运行舒适感，但维护成本高、耗电量极大，在20世纪90年代初期已被淘汰	
交流变压变频调速	交流变压变频调速是目前应用广泛的调速方式，具有舒适感好、调试快捷、节能等优点	原电梯无论采用何种调速方式，均可改造为此方式

五、确认需要改造的电气部件

根据改造施工方案确认控制系统中需要改造的电气部件。部分电气部件及其改造注意事项见表 4-21。

表 4-21　部分电气部件及其改造注意事项

电气部件	图例	改造注意事项
电源箱		电源箱的整体改造更换应符合现行国家标准和检验规程要求

续表

电气部件	图例	改造注意事项
控制柜	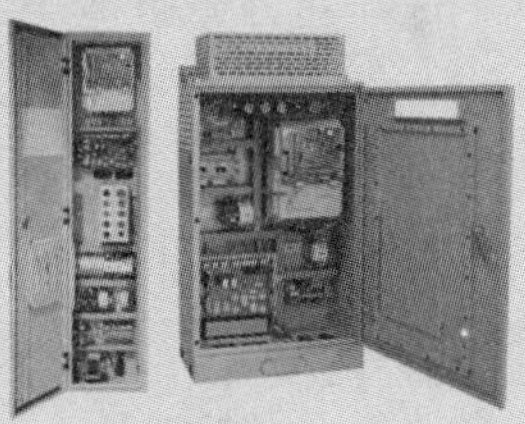	将交流变极调速系统改为交流变压变频调速系统时,应确定新控制柜的安装位置,掌握电气线路的变化情况
操纵箱		注意操纵箱的安装位置和安装方式、电气线路的布置和接线方式等,更新操纵箱后不能影响轿门的正常开启和关闭
召唤盒	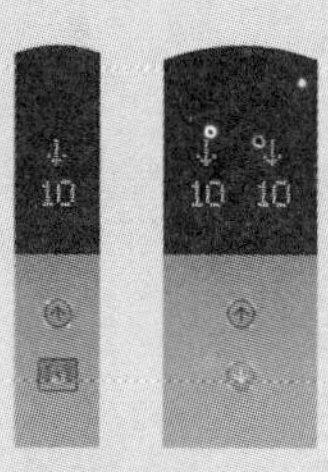	注意召唤盒的安装位置和安装方式,更新召唤盒后不能影响层门的正常开启和关闭
随行电缆、接地线		根据控制系统的通信方式、技术参数确定随行电缆和接地线的规格
井道开关		注意限位开关的动作方式、动作方向、电气触点常开或常闭状态等,永磁传感器与隔磁板的啮合深度与间隙,光电开关的工作电压等级、输出方式（NPN或PNP）等
门机总成		注意门机总成的安装方式、门机与门扇的连接孔位、门机电气接线方式等

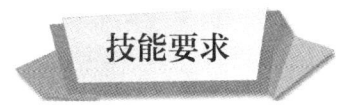
技能要求

控制系统改造施工

操作准备

1. 设置警示标志

在施工现场的出入口、电梯的各层站、机房门等处设置警示标志。

2. 张贴施工告知函

在施工现场容易被乘客关注的醒目地点张贴施工告知函,并注明施工项目、施工内容、施工周期、项目负责人、安全注意事项等。

3. 准备工具、设备

按照控制系统改造施工方案中的工具设备清单做好准备。

4. 做好岗位分工

按照施工方案中的作业流程和施工地点确定相关施工环节的具体施工作业人员。

5. 做好安全防护措施

按照《电梯拆除作业指导书》和施工方案的要求做好施工现场的各项安全防护措施。

操作步骤

步骤 1 拆除原控制系统

(1)拆除原控制柜时,如果不需要更换随行电缆,应提前对随行电缆进行编号。

(2)拆除原操纵箱时应测量轿壁开孔尺寸及操纵箱到轿顶分线箱的布线距离,并与新操纵箱的相关尺寸进行复核。

(3)拆除原召唤盒时应测量墙壁开孔尺寸和墙体厚度,并与新召唤盒的相关尺寸进行复核。

(4)拆除原井道开关时应测量原开关位置与相应机械装置(如隔磁板、开关碰板等)的距离。

步骤 2 改造控制系统

(1)改造控制柜。对控制柜进行改造施工时,应将控制系统的动力线路、控制线路从原控制柜内全部拆除，并做好标记防止混淆。拆除后的线缆应可靠固定，防止在安装新控制柜过程中对线缆造成损伤，注意预留检修空间。按照电气原理图或电气接线图将原控制系统的各种电气部件接入新控制柜，特别注意新旧控制系统在电源类型、开关接点、控制要求等方面的区别。改造前后的控制柜如图4-5所示。

图4-5 改造前后的控制柜
a）改造前的控制柜 b）改造后的控制柜

（2）改造操纵箱。对操纵箱进行改造施工时，应注意原操作箱的固定位置（见图4-6a）和轿壁开孔尺寸，按照新操纵箱（见图4-6b）的尺寸进行测量，防止轿壁上出现缝隙、空洞等。

（3）改造召唤盒。对召唤盒进行改造时，应注意原召唤盒的固定位置（见图4-7a）、墙体的开孔尺寸、装修面材料、新召唤盒（见图4-7b）的尺寸和安装方式，复核相关尺寸。安装完毕应做好装饰面的修复工作。

（4）改造随行电缆。对随行电缆进行改造时，应注意新控制系统的电气部件要求。例如，增加轿内摄像头时应预留视频线；使用大功率制冷或采暖设备时应有大线径的线缆；高层高速电梯的线缆拉力应由钢丝绳承担，同时还要预留足够的备用线。常用的随行电缆如图4-8所示。

（5）改造门机总成。对门机总成进行改造施工时，应注意安装方式、调速方式、门刀结构、门扇安装方式、地坎结构等细节，见表4-22。

图4-6 原操纵箱与新操纵箱
a）原操纵箱的固定位置 b）新操纵箱

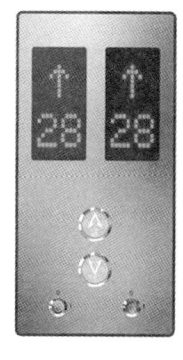

　　　　a)　　　　　　　　　　　　　　b)

图 4-7　原召唤盒与新召唤盒

a）原召唤盒的固定位置　b）新召唤盒

图 4-8　常用的随行电缆

表 4-22　门机总成改造细节

改造内容	说明	改造注意事项
安装方式	直梁式通过轿架立柱和上梁固定；轿顶式在轿顶槽形支架内固定	确定门机总成的固定位置，准确测量安装尺寸
调速方式	改造可能涉及的装置有直流电阻开关、直流调速器、变频调速器等	确认供电电源、调速开关或编码器的安装方式、接线要求和位置
门刀结构	动作方式（内张或外夹）应与门锁装置配套	注意层门装置的配套结构
门扇安装方式	轿门挂板的螺栓垂直或水平安装	不同门扇结构应采用对应的安装方式
地坎结构	—	注意安装位置与固定方式，地坎滑槽间距应与门扇厚度对应

对于仅改造门机总成，保留门扇、地坎等部件的施工，应在采购门机总成前准确测量和确认下列尺寸（见表4-23，具体数据需要现场测量后填写），防止施工时因尺寸存在偏差而无法顺利安装。

表4-23　门机总成的尺寸（示例）

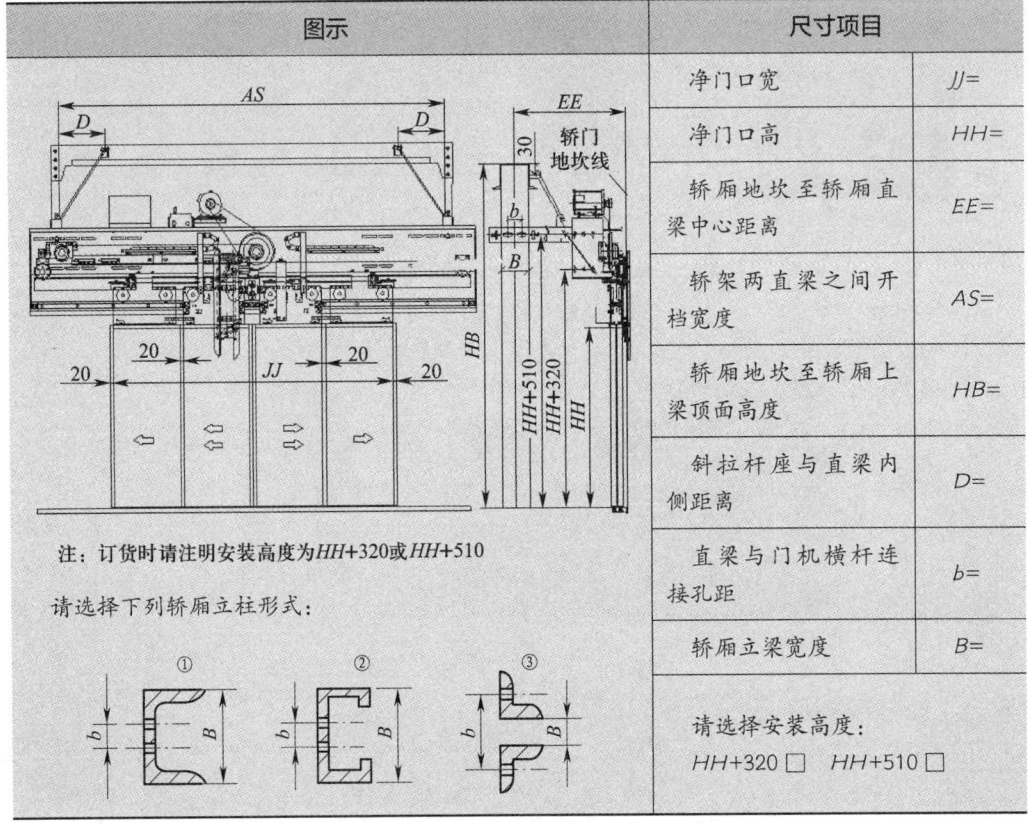

图示	尺寸项目	
(见图)	净门口宽	JJ=
	净门口高	HH=
	轿厢地坎至轿厢直梁中心距离	EE=
	轿架两直梁之间开档宽度	AS=
	轿厢地坎至轿厢上梁顶面高度	HB=
	斜拉杆座与直梁内侧距离	D=
	直梁与门机横杆连接孔距	b=
	轿厢立梁宽度	B=
	请选择安装高度：HH+320 □　HH+510 □	

（6）改造电气部件。对电气部件进行改造施工时，如改造永磁开关（见图4-9a）、光电开关（见图4-9b）等，应注意其技术参数、工作环境、固定方式、接线方式、安装位置等。

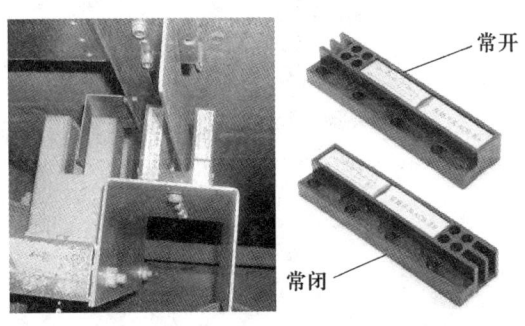

a)

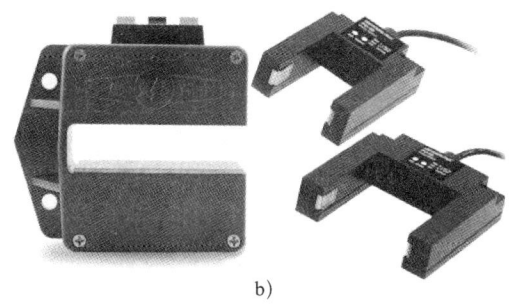

图 4-9 永磁开关与光电开关

a) 永磁开关　b) 光电开关

如果改造双稳态磁开关,则应确定它的安装位置,特别是运行中与其他机械部件的相对距离,保证它们互不干涉且运转正常、动作可靠。双稳态磁开关与操动磁铁如图 4-10 所示,其操动距离见表 4-24。

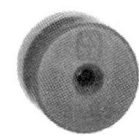

图 4-10 双稳态磁开关与操动磁铁

表 4-24 双稳态磁开关与操动磁铁的操动距离

磁铁型号	操动距离 /mm
BP34	15
BP20	15
BP31	15
BP11	5～15
BP12	10～25
BP21	20～40
BE20	15

步骤 3　调试控制系统

对于改造后的调试工作,本级别不做要求,可参考技师"曳引驱动乘客电梯设备安装调试"的相关内容。

培训单元3　加层改造施工

熟悉加层改造的内容和要求
掌握加层改造的施工流程及要点

一、常见的建筑结构

1. 砖木结构

砖木结构是指建筑物中竖向承重结构的墙、柱等采用砖或砌块砌筑,而楼板、屋架等采用木结构。其承重的主要结构是用砖、木建造的,如一幢房屋是由木屋架、砖墙、木柱建造而成。此类建筑物中很少安装和使用电梯。

2. 砖混结构

通俗地讲,砖混结构就是砖和钢筋混凝土的混合结构,是以小部分钢筋混凝土和大部分砖墙承重的,一般只能建造7层以下的房屋。此类建筑物中竖向承重结构的墙、柱等采用砖或砌块砌筑,承重墙厚度一般为370 mm或240 mm,柱、梁、楼板、屋面板等采用钢筋混凝土结构。在20世纪50年代至90年代初期,我国的多数建筑采用此类结构。由于建筑标准一般规定7层及7层以上建筑安装电梯,因此这类建筑物较少安装电梯,是加装电梯的重点。

3. 钢筋混凝土结构

钢筋混凝土结构是指建筑物中主要承重结构如墙、柱、梁、楼板、楼体、屋面板等采用钢筋混凝土制成,非承重墙用砖或其他材料填充。这种结构抗震性能好,整体性强,耐火性、耐久性、抗腐蚀性较强。

钢筋混凝土结构可分为两种:一种是由梁、板、柱组成建筑物的承重结构,其墙体仅起分隔和保温作用;另一种是由梁、板、墙体组成建筑物的承重结构,其部分墙体设计成剪力墙结构。

目前，大多数住宅、办公楼、酒店、购物中心等多层、高层及超高层建筑均采用这种结构，其电梯使用量最大。

4. 钢结构

钢结构是指建筑物中主要承重结构由钢制成。钢结构适用于超高层建筑，自重最轻。此类建筑物也是国家大力发展的绿色建筑物，其电梯使用量较大。

二、既有建筑物加层改造

既有建筑物包括使用了若干年的旧房屋，也包括刚竣工或正在施工过程中的建筑物。对既有建筑物进行加层扩建及加固处理，就是既有建筑物的加层改造。

一般既有建筑物加层改造工程与拆除重建或新建工程相比投资少、工期短。加层改造能充分利用原建筑物已有的城市基础设施，节约成本。施工中的建筑物加层改造与使用若干年后的建筑物加层改造相比，收集资料更加方便，不需要对结构、材料重新进行检测鉴定，不需要进行加固设计，不需要重新筹备施工，可节约成本。

三、加层的主要方式

原建筑物结构不同，加层的方式也不同。常见的既有建筑物加层方式有两种：一种是利用原建筑物的结构，在原墙体上直接砌筑砌体材料，然后架楼面板和屋面板的直接加层方式；另一种是采用与原建筑物完全脱离的外套框架结构的加层方式。

加层建筑物是新旧建筑物的结合。它既不同于新建建筑物，也不同于旧建筑物；它既有新建建筑物的特点，又有旧建筑物的特点。在实际施工中，由于新旧建筑物采用不同的标准，容易造成加层建筑物新旧两部分的抗震能力差距悬殊的情况。

无论采用何种加层方式，在对电梯进行加层改造施工前要做好技术交底工作，保证增加的电梯井道结构与原建筑物结构的连接和受力符合设计标准和施工规范。

四、电梯加层改造施工方案

电梯加层改造施工方案与常规的电梯安装、修理或其他部件改造施工方案具有较大的区别，具体体现在增加了加层层数、加层层间距、加层后有无机房等内容。

施工班组成员应针对施工方案组织讨论会，结合现场实际情况提出完善建议和意见，并在施工前仔细复核加层井道的土建结构和尺寸。

加层改造施工基本流程

一、加层改造施工

以顶层端站加层为例,电梯加层改造的施工内容和技能要求见表4-25。

表4-25 电梯加层改造的施工内容和技能要求

工序	施工内容	技能要求
准备工作	熟悉加层改造施工方案	施工班组成员完全掌握加层施工作业要点,能够熟记全部流程,明确各自岗位的作业节点和质量控制点,与设计单位、土建施工单位、监理单位、使用单位沟通顺畅
	复核加层改造施工方案与电梯产品	复核加层改造施工方案内容与现场实际环境的一致性,尤其是原有曳引系统、悬挂方式等发生改变后。例如,有机房改为无机房时,要准确测量曳引机承重梁的位置
前期施工	起吊轿厢及支撑对重	重点是轿厢的悬挂。首先应在顶层端站向下相邻层站层门门洞正对的井道壁上合适的位置打两个轿厢承重梁固定孔。这两个固定孔的底面位置与层门地坎的水平面保持一致,间距应不大于层门门洞的宽度。其次将两根能够承受轿厢自重的枕木或钢梁一端放入孔内,一端放在层站地面上。最后将轿厢用手拉葫芦逐渐下放至承重梁上,保证轿厢重量完全由承重梁承受 支撑对重的操作步骤参考"有机房电梯对重轮诊断修理"的相关内容
	拆除机房内设备设施	确认机房内动力电源完全切断后,开始拆除机房内的电源箱、曳引机、机架、承重梁、导向轮、控制柜、限速器等部件,对于加层后仍然使用的部件应进行保护性拆除,做好标记和施工记录,以防止在后期恢复安装时发生错误
	拆除悬挂装置	拆除钢丝绳、钢带等悬挂装置,将它们各自捆扎牢固后统一放置在库房
	拆除轿厢随行电缆	拆除轿厢随行电缆在机房控制柜一端的全部接线,做好标记和施工记录
	拆除井道分支电缆	拆除井道分支电缆在机房控制柜一端的全部接线,做好标记和施工记录

续表

工序	施工内容	技能要求
安全防护	层门口防护	做好层站出入口防护工作，防止坠落事故发生
	井道顶部防护	在井道顶部设置安全挡板，该挡板的强度应满足建筑施工要求，同时其面积应能将井道全部遮盖，防止建筑材料掉落后砸坏轿厢及其他部件
土建加层施工	井道土建施工	该工作由土建施工单位完成，电梯改造施工单位应随时检查施工进度、土建尺寸等关键性参数
检查复核	复核井道土建尺寸	复核土建加层施工完成后的井道宽度、井道深度、底坑深度、顶层高度等数据，尤其是机房或井道顶部与曳引机之间的最小距离，应与施工方案一致
	复核电梯产品及相关部件	复核曳引机、轿厢导轨及支架、对重导轨及支架的规格、型号和数量，以及钢丝绳与随行电缆的长度
交接检验	土建交接	安装电梯前，应由改造施工单位、监理单位、土建施工单位共同对电梯的井道和机房（可无机房）按改造规范和土建布置图的要求进行检查，对电梯安装条件进行确认，并进行相应的记录
电梯加层施工	制作样板架	在井道顶部制作样板架，并放置样板线，使其长度超过轿厢施工层站即可
	安装导轨支架	分别安装轿厢和对重的导轨支架
	安装导轨	分别安装轿厢导轨和对重导轨，应注意最高一档导轨的支架间距，应符合安装验收规范和监督检验规程的要求
	安装层门	安装加层部分层站的层门装置
	安装机房设备	按照有机房或无机房的土建布置图和安装布置图安装驱动主机、承重梁、控制柜、限速器等部件
	提升轿厢	提升轿厢至顶层端站位置
	安装悬挂装置	安装新的悬挂装置
	安装随行电缆	根据加层改造施工方案更换全部随行电缆，或在顶层端站位置加装接线盒并续接随行电缆至控制柜
	安装分支电缆	根据加层改造施工方案更换全部井道顶层分支电缆，或在顶层端站位置加装接线盒并续接分支电缆至控制柜
	安装电气部件	安装操纵箱、加层层站召唤盒等电气部件
	复位轿厢和对重	拆除轿厢起吊设备和对重支撑工具，让悬挂装置承载轿厢和对重的全部重量
备注	根据国家标准的相关内容对机房设备和井道设备进行安装	

二、加层后的调试

对电梯进行全面综合调试，具体方法本级别不做要求。

三、加层的监督检验

应在加层改造施工前向当地特种设备安全监督管理部门申请办理开工告知手续，并向检验机构申请办理监督检验手续。施工完成后，应按照 TSG T7001 的相关要求对加层后的电梯进行全面的监督检验。

培训单元 4　轿厢改造及装潢施工

熟悉轿厢改造的内容和要求
熟悉轿厢装潢的内容和要求
掌握轿厢改造的施工流程及要点
掌握轿厢装潢的施工流程及要点
能够调整电梯的平衡系数

一、轿厢改造内容

1. 改造轿厢面积

根据使用单位的实际使用要求，可增加或减少轿厢面积。

轿厢的面积应与额定载重量相对应，对于乘客电梯和病床电梯应符合国家标准 GB 7588 中 8.2.1 的要求，对于载货电梯应符合 GB/T 25856《仅载货电梯制造与安装安全规范》中 5.5.1.1.2 的要求。

2. 改造轿厢高度

根据使用单位的实际使用要求，可增加或减少轿厢高度。轿厢内部净高度应不小于 2 m。

3. 改造轿厢贯通门

根据使用单位的实际使用要求，可增加或减少轿厢贯通门。增加或减少轿厢贯通门会导致轿厢自重发生变化，为了保证曳引条件和平衡系数符合要求，应考虑变化前后的重量差，并对其进行计算。

4. 改造轿厢承载结构

如果轿厢的承载状况发生变化，那么需要对轿厢进行相应的改造。

例如，为了提升乘客电梯的运行舒适感，可以在轿厢与轿架之间增加弹性减振装置，即将一体固定式轿厢改造为活络式轿厢。

又如，为了减小载货电梯在运货物时的偏斜程度，提升轿厢的稳定性，可以增加轿厢的导轨数量，如将原来轿厢的两根导轨增加至四根或六根。

5. 改造轿厢门机系统

可以将老式电梯的手动门改造为自动门。这时，需要对轿厢的门机系统进行改造，并对全部的层门装置进行改造。

例如，将原机械杠杆式门机改造为同步带式门机，如图 4-11 所示。

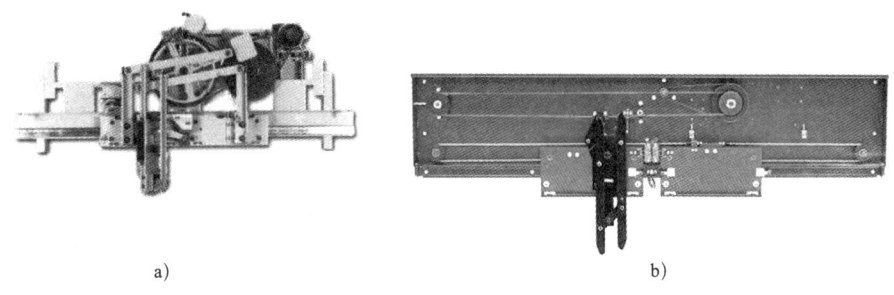

图 4-11 机械杠杆式门机和同步带式门机
a）机械杠杆式门机 b）同步带式门机

在改造轿厢门机系统时应对门机重量进行复核，因为门机重量直接影响轿厢自重并改变平衡系数，而应保证改造后的平衡系数符合标准要求。

6. 改造轿厢悬挂方式

轿厢悬挂方式不同，轿厢反绳轮的位置不同。改造轿厢悬挂方式时应特别注意井道的顶层高度与底坑深度。例如，顶吊式轿厢反绳轮会直接影响井道顶的最低部件与轿顶设备最高部件之间的距离；底托式轿厢反绳轮会直接影响底坑地面与轿厢最低部件之间的自由垂直距离,以及底坑中固定的最高部件与轿厢最低部件之间的自由垂直距离。因此,改造时应保证电梯顶部空间或底坑空间满足检验要求。

(1)顶吊式。无论曳引机位置、曳引比、绕绳方式如何变化,悬挂装置在轿厢上的受力点位于轿架顶部上梁的一般称为顶吊式,如图4-12所示。

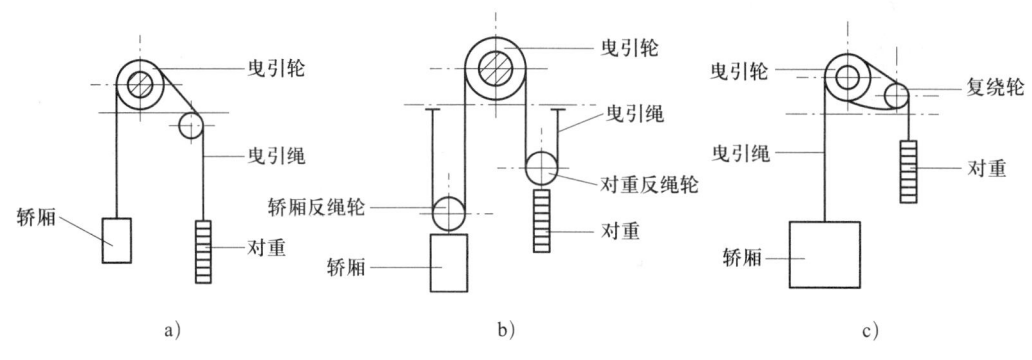

图4-12 顶吊式布置方式
a)1:1半绕式 b)2:1半绕式 c)1:1全绕式

(2)底托式。无论曳引机位置、曳引比、绕绳方式如何变化,悬挂装置在轿厢上的受力点位于轿架底部下梁的一般称为底托式,如图4-13所示。

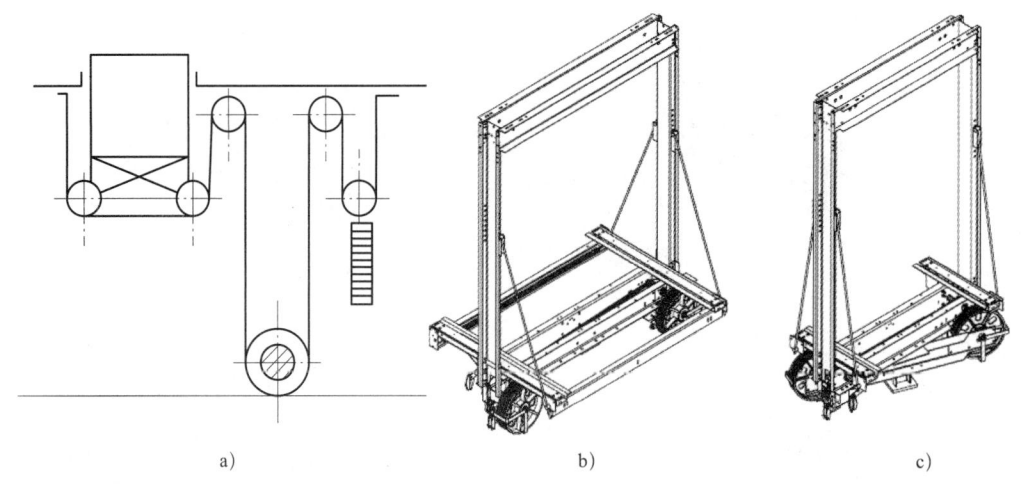

图4-13 底托式布置方式
a)2:1下置底托式 b)2:1平行底托式 c)2:1对角底托式

二、轿厢装潢内容

对电梯轿厢进行装潢实质上会改变轿厢的自重,会对电梯的曳引能力、平衡系数、钢丝绳磨损程度等产生直接或间接影响,因此改造前应进行相关的计算及复核。

1. 轿底装潢

轿底装潢一般是指在轿底钢板上铺设木材、塑料板、瓷砖、石材等不同的装潢材料。施工时应注意轿底的结构和类型,防止对轿厢超载装置产生影响。

2. 轿壁装潢

轿壁装潢一般是指在原有轿壁的表面粘贴PVC(聚氯乙烯)等装潢材料,或者使用木板、石材等进行装饰。使用的装潢或装饰材料必须具有防火性能。

3. 轿顶装潢

轿顶装潢一般是指在轿顶采用新型吊顶装潢材料,如质量轻、透光度高、通风性好的材料。为了增加轿厢内部的高度感,目前多采用超薄型吊顶或一体化吊顶。注意不得采用易碎、易燃的装潢材料。

4. 轿门装潢

轿门装潢与轿壁装潢类似,一般采用同风格、同材质的装潢材料。在对轿门进行装潢后,应调整门扇与轿壁之间的间隙,使其符合标准及检验规程的要求。

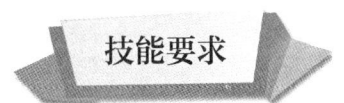

轿厢改造及装潢施工基本流程

一、轿厢改造及装潢施工

轿厢改造及装潢施工内容和技能要求见表4-26。

表4-26 轿厢改造及装潢施工内容和技能要求

工序	施工内容	技能要求
准备工作	熟悉轿厢改造及装潢施工方案	施工班组成员完全掌握轿厢改造及装潢施工作业要点,能够熟记全部流程,明确各自岗位的作业节点和质量控制点
参数复核	方案复核	复核施工方案,确认与改造现场的实际环境一致

续表

工序	施工内容	技能要求
参数复核	土建复核	复核井道尺寸，尤其是在对门机装置进行改造时，应注意门机的厚度、高度、开门宽度等参数。这些参数的变化会直接影响轿厢地坎与层门地坎间距、轿门高度、开关门位置等
	产品复核	复核改造用电梯产品及部件，其规格、型号等应与施工方案一致
改造施工	起吊对重	将对重运行至顶层端站，在顶层端站搭设工作平台，使用手拉葫芦、吊带等工具起吊对重
	支撑轿厢	将轿厢运行至底层端站，在底层端站搭设轿厢支撑梁，使轿厢的重量全部由轿厢支撑梁承受
	拆除随行电缆	拆除轿厢侧随行电缆，并做好标记和施工记录
	拆除轿厢	拆除轿厢的轿门、门机、轿顶、轿壁、轿底等部件
	安全检查	对各项施工作业点进行安全检查，尤其是起吊对重的工具
	拆除悬挂装置	拆除轿厢一侧的悬挂装置（如果改造不涉及轿架，则不必拆除）
	拆除原轿架	需要对轿架进行改造的，应拆除上梁、立柱、下梁、底框、拉条等原轿架部件
	组装新轿架	可参考初级"轿厢设备安装调试"的相关内容
	组装轿厢	可参考初级"轿厢设备安装调试"的相关内容
	安装门机	按照门机的结构、安装位置和尺寸要求安装门机部件
	安装随行电缆	安装轿厢侧随行电缆，与拆除前的施工记录和标记进行对比，防止出现接线错误
	安装电气部件	安装轿厢电气部件，如照明装置、通风装置、平层装置、轿顶检修按钮等
装潢施工	拆除原装潢	拆除轿厢原有装潢，清理残留物（如固定螺钉、胶痕等），并对局部高点进行整形，保证轿壁、轿门无扭曲、折弯等情况
	测量尺寸	测量拆除原装潢后的实际尺寸，并核对新装潢尺寸
	安装新装潢	按照厂家提供的安装作业书确定安装顺序，逐步拼装
恢复运行	安装悬挂装置	在新轿架上安装悬挂装置
	复位轿厢和对重	逐渐松开悬挂对重的起吊设备使对重复位，直至悬挂装置完全承载轿厢和对重的重量
	拆除作业平台和支撑梁	拆除顶层端站的工作平台和底层端站的轿厢支撑梁，准备试运行

二、轿厢改造及装潢后的检查和试验

轿厢改造及装潢后的重点检查和试验项目见表 4-27，应对电梯进行全面综合调试。

表 4-27 轿厢改造及装潢后的重点检查和试验项目

工序	检查和试验项目	技能要求
检修运行	轿厢安装位置	轿厢在井道内运行时，重点检查门刀与各层门地坎、门刀与门锁滚轮、门锁滚轮与轿厢地坎、轿厢平层开关与井道平层隔板等的间距，防止存在尺寸误差而发生部件间的碰撞
检修运行	轿厢运行位置	检查轿厢运行至顶层端站和底层端站时，平层开关、限位开关、极限开关的动作位置，如果不符合标准应调整
检修运行	测量顶层空间	改造后的轿厢应满足国家标准 GB 7588 中 5.7.1 对曳引驱动电梯顶部间距的要求
检修运行	测量底坑空间	改造后的轿厢应满足国家标准 GB 7588 中 5.7.3 对底坑的要求
试运行	单层运行	轿厢在井道的中间层站，向上、向下分别选择任意单层主令信号，正常速度运行
试运行	多层运行	轿厢在井道的中间层站，向上、向下分别选择任意多层主令信号，正常速度运行
试运行	全程运行	轿厢分别在顶层端站向下、底层端站向上以额定速度全程运行
试验	平衡系数	根据国家标准 GB/T 10059《电梯试验方法》中 4.2.1.2 对平衡系数的描述，按照 TSG T7001 要求进行电梯平衡系数试验
试验	空载曳引试验	按照 TSG T7001 要求进行电梯空载曳引试验
试验	上行制动试验	按照 TSG T7001 要求进行电梯上行制动试验
试验	下行制动试验	按照 TSG T7001 要求进行电梯下行制动试验
试验	静态曳引试验	按照 TSG T7001 要求进行电梯静态曳引试验
试验	制动试验	按照 TSG T7001 要求进行电梯制动试验

三、轿厢改造及装潢的监督检验

应在施工前向当地特种设备安全监督管理部门申请办理开工告知手续，并向检验机构申请办理监督检验手续。施工完成后,应按照 TSG T7001 的相关要求对改造及装潢后的电梯进行全面的监督检验。

培训单元 5　悬挂比改造施工

熟悉悬挂比改造的内容和要求
掌握悬挂比改造的施工流程及要点

一、改造轿厢悬挂比

如果需要增加轿厢额定载重量或提升轿厢额定速度,则可以通过增大或减小悬挂比的方式实现。

改造轿厢悬挂比时,应同步改造轿厢和对重的悬挂装置固定位置、反绳轮位置和数量等。同时,应配合改造后的额定载重量与额定速度,更换相应的限速器、安全钳、缓冲器等部件。

二、改造轿厢绕绳方式

在电梯使用过程中,由于使用环境发生变化而导致原配套设计的电梯不能满足现有使用条件要求,或者在现有使用条件下部分零部件磨损过快、更新周期短,因此对轿厢绕绳方式提出改造要求。

例如,原有高层酒店建筑改造为写字楼后,客流量突然加大使电梯的运行频次增加,导致钢丝绳过度磨损。为了减小钢丝绳的磨损程度,可将缠绕方式由半绕式改造为全绕式(复绕式)。复绕式正视图和侧视图如图 4-14 所示。

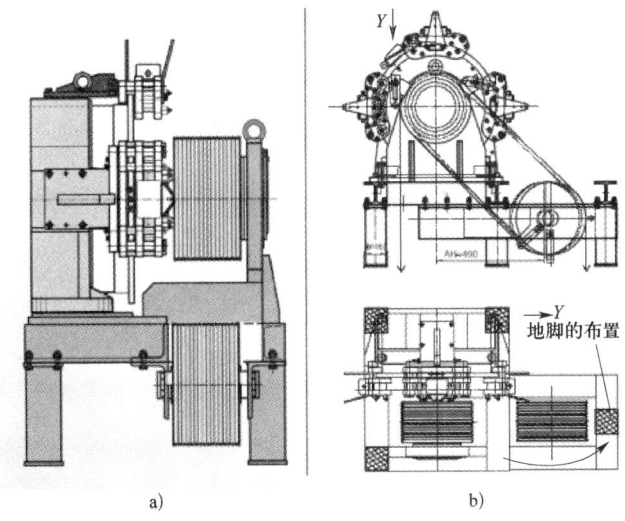

图 4-14 复绕式正视图和侧视图

a）复绕式正视图　b）复绕式侧视图

悬挂比改造施工基本流程

一、悬挂比改造施工

悬挂比改造包含轿架、对重架、反绳轮、曳引机等相关部件的改造，具体施工内容和技能要求见表 4-28。

表 4-28　悬挂比改造施工内容和技能要求

工序	施工内容	技能要求
准备工作	熟悉悬挂比改造施工方案	施工班组成员完全掌握悬挂比改造施工作业要点，能够熟记全部流程，明确各自岗位的作业节点和质量控制点
参数复核	方案复核	复核悬挂比改造施工方案，确认与改造现场的实际环境一致
	土建复核	复核井道尺寸，尤其是进行增大悬挂比的改造时，应特别注意改造后井道顶部空间、底坑空间等的尺寸
	产品复核	复核改造用电梯产品及部件，其规格、型号等应与改造施工方案一致

续表

工序	施工内容	技能要求
前期施工	起吊对重和支撑轿厢	可参考"轿厢改造及装潢施工"的相关内容
	安全检查	对各项施工作业点进行安全检查,尤其是起吊对重的索具
悬挂装置改造	轿架改造	根据悬挂比改造施工方案,对轿架的悬挂点、位置以及绳头板等部件进行改造,拆除或安装轿厢反绳轮
	对重架改造	根据悬挂比改造施工方案,对对重架的悬挂点、位置以及绳头板等部件进行改造,拆除或安装对重反绳轮
	机房部件改造	根据悬挂比改造施工方案,对机房的曳引机、承重梁、机架等部件进行改造,拆除或安装导向轮及绳头板
恢复运行	安装悬挂装置	在新轿架上安装悬挂装置
	复位轿厢和对重	逐渐松开悬挂对重的起吊设备使对重复位,直至悬挂装置完全承载轿厢和对重的重量
	拆除作业平台和支撑梁	拆除顶层端站的工作平台和底层端站的轿厢支撑梁,准备试运行

二、悬挂比改造后的检查和试验

悬挂比改造后的重点检查和试验项目见表 4-29。改造后应对电梯进行全面综合调试。

表 4-29 悬挂比改造后的重点检查和试验项目

工序	检查和试验内容	技能要求
检修运行	测量顶层空间	改造后的轿厢应满足国家标准 GB 7588 中 5.7.1 对曳引驱动电梯顶部间距的要求
	测量底坑空间	改造后的轿厢应满足国家标准 GB 7588 中 5.7.3 对底坑的要求
试验	平衡系数	根据国家标准 GB/T 10059 中 4.2.1.2 对平衡系数的描述,按照 TSG T7001 要求进行电梯平衡系数试验
	空载曳引试验	按照 TSG T7001 要求进行电梯空载曳引试验
	上行制动试验	按照 TSG T7001 要求进行电梯上行制动试验
	下行制动试验	按照 TSG T7001 要求进行电梯下行制动试验

续表

工序	检查和试验内容	技能要求
试验	静态曳引试验	按照 TSG T7001 要求进行电梯静态曳引试验
	制动试验	按照 TSG T7001 要求进行电梯制动试验

三、悬挂比改造的监督检验

应在施工前向当地特种设备安全监督管理部门申请办理开工告知手续，并向检验机构申请办理监督检验手续。施工完成后，应按照 TSG T7001 的相关要求对改造后的电梯进行全面的监督检验。

培训单元 6　功能装置加装施工

熟悉加装读卡器（IC 卡）、残疾人操纵箱、能量回馈装置、应急平层装置、远程监控装置的内容和要求

掌握加装读卡器（IC 卡）、残疾人操纵箱、能量回馈装置、应急平层装置、远程监控装置的施工流程及要点

一、读卡器（IC 卡）

读卡器（IC 卡）主要有中间接点式（见图 4-15a）和通信协议式（见图 4-15b）两种接线方式。安装中间接点式读卡器时，需要在原有电梯按钮与电梯控制系统中间加装 IC 控制器，以读取信号。安装通信协议式读卡器时，可以直接用原电梯控制系统中的通信协议读取按钮信号。

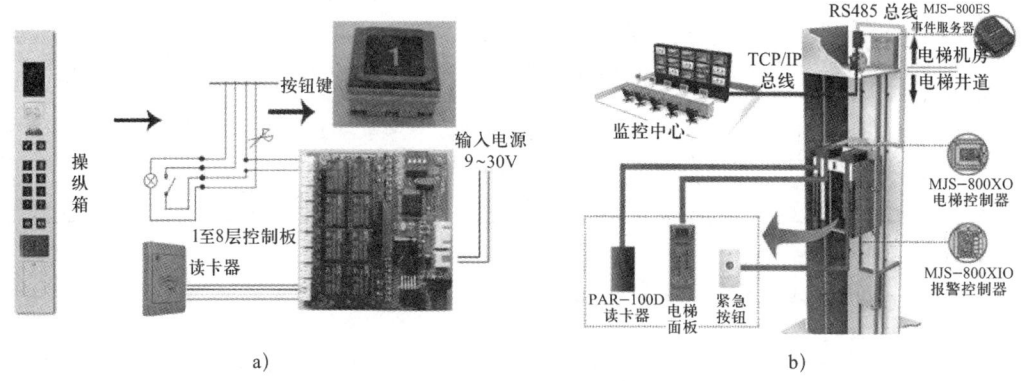

图 4-15 常见的读卡器接线方式
a)中间接点式 b)通信协议式

二、残疾人操纵箱

原有轿厢加装残疾人操纵箱时,所加装的残疾人操纵箱应符合 GB/T 24477《适用于残障人员的电梯附加要求》中 5.4 的要求,具体安装位置应符合 GB 50763《无障碍设计规范》中 3.7.2 的要求,电气接线应与原操纵箱功能完全一致。残疾人操纵箱安装位置如图 4-16 所示。

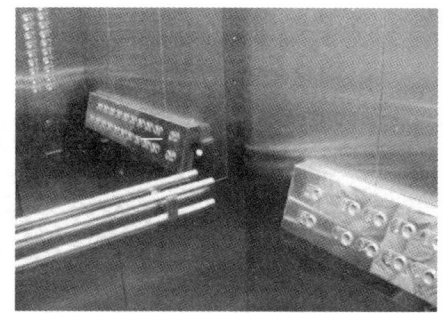

图 4-16 残疾人操纵箱安装位置

三、能量回馈装置

能量回馈装置可以将电能回馈给电网,达到了节约用电的目的。该装置应符合 GB/T 32271《电梯能量回馈装置》和 GB/T 37319《电梯节能逆变电源装置》的相关要求。

当电梯轿厢处于不平衡负载工况、曳引机处于发电工作状态时,电动机产生的能量通过逆变侧的二极管回馈到变频器直流母线,导致直流母线的电压越来越高。当直流母线的电压超过一定值时,整流侧能量回馈部分启动,将直流电逆变成交流电,并在进行相位和幅值调整后,输送回交流电网,从而达到整体系统节能的目的。能量回馈装置接线示意如图 4-17 所示。

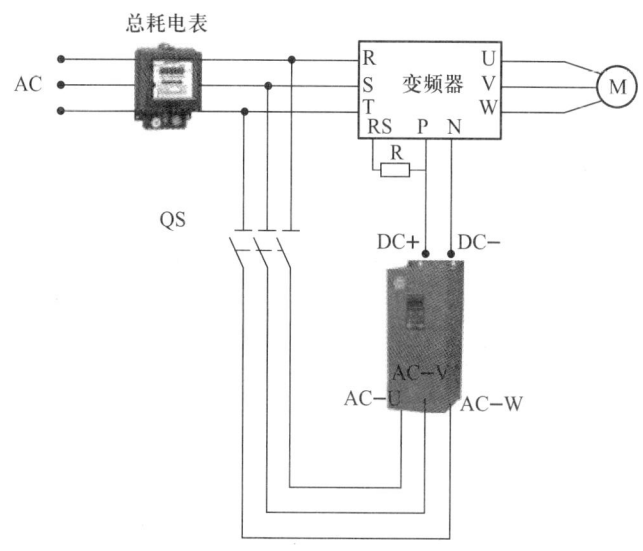

图 4-17 能量回馈装置接线示意

四、应急平层装置

当供电系统发生故障导致正在运行的电梯动力电源被切断时,应急平层装置自动切换投入工作,接入电梯控制系统,控制电梯的驱动装置使其输出电能,将电梯轿厢运行至就近层站后平层,打开轿门释放被困乘客。应急平层装置工作原理框图如图 4-18 所示。

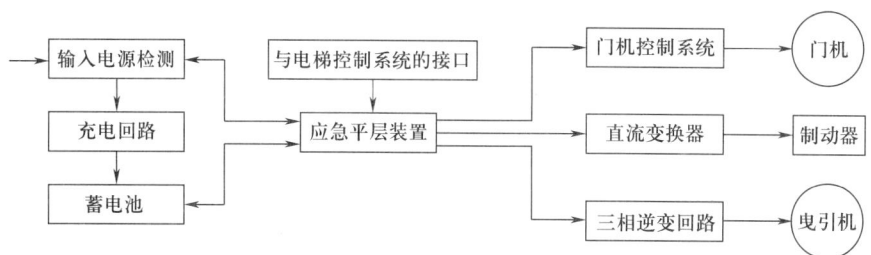

图 4-18 应急平层装置工作原理框图

五、远程监控装置

远程监控装置具有电梯状态远程监控、数据记录、故障报警、统计分析等功能。远程监控装置通常由现场信号采集装置和统一数据平台两大部分组成。

1. 现场信号采集装置

现场信号采集装置负责电梯现场信号的采集、处理、远传以及实时信息的发布。现场信号采集装置采集信号的方式有外置传感器采集和内部通信数据采集两种。

在外置传感器采集方式中，传感器（见图4-19）通过干接点采集电梯运行数据，并经网络将其传输至数据处理服务器，实现电梯故障报警、困人救援、日常管理、质量评估、隐患防范等功能。

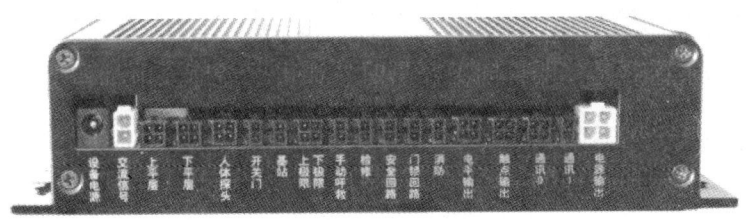

图4-19 传感器

在内部通信数据采集方式中，由专用的远程监控通信板与电梯控制主板进行数据通信，将电梯运行相关的技术参数、设备运转状态参数、故障信息等发送到管理平台，如图4-20所示。

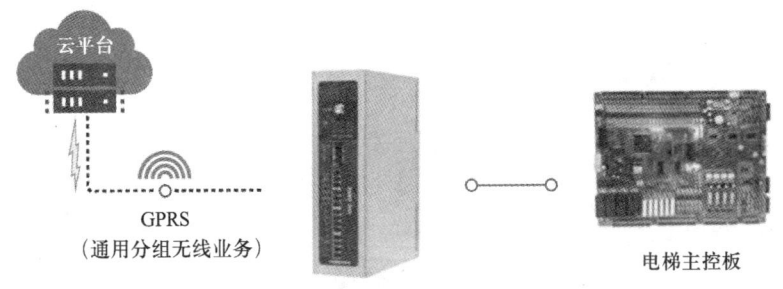

图4-20 内部通信数据采集方式

2. 统一数据平台

统一数据平台是指对电梯数据进行有效的收集、整理、存储、统计分析，对电梯历史事件（包括故障等）进行记录、统计（见图4-21），以及培训员工、发布公告的综合性资料平台。

统一数据平台作为其他电梯应用系统的基础数据库，可在其基础上对接多种信息化管理系统，如检验监察系统、电梯应急救援系统、电梯维保监管系统、使用单位查询系统等。各种信息化管理系统在使用过程中不断对统一数据平台的数据进行补充、更新、纠错，与统一数据平台共同形成一个涵盖多种业务流程的大数据平台。

工作人员借助监控中心的统一数据平台可以了解电梯的运行状况,当发生事故、收到告警信息后,可以快速地开展救援和检修工作。

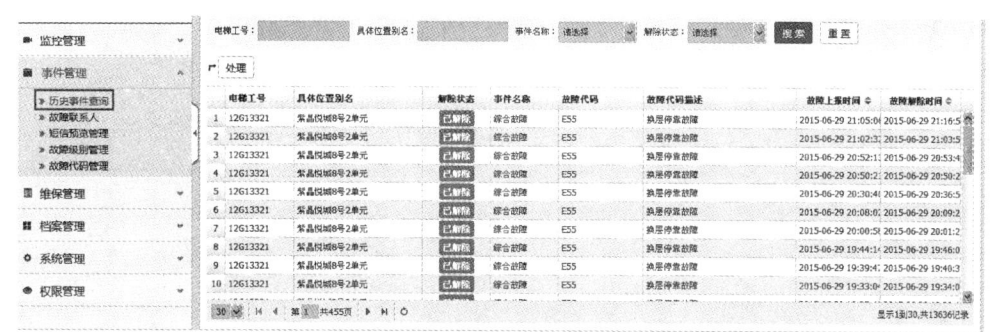

图 4-21 统一数据平台记录、统计的历史事件

加装功能装置的基本流程

一、加装读卡器（IC 卡）

加装读卡器（IC 卡）的施工内容和技能要求见表 4-30。

表 4-30 加装读卡器（IC 卡）的施工内容和技能要求

工序	施工内容	技能要求
准备工作	核对技术资料	熟悉读卡器的使用说明书,核对读卡器的铭牌信息,如制造单位名称、产品型号、产品编号、主要技术参数等,是否与产品质量证明文件相符
	确认接线方式	确认读卡器的接线方式为中间接线式或通信协议式
加装施工	加装读卡器	根据读卡器的使用说明书,在操纵箱面板的适宜位置开孔安装读卡头,在操纵箱底盒内安装 IC 卡控制板
	按钮接线	对于中间接线式,将按钮线接入 IC 卡控制板,再将 IC 卡控制板接入原操纵箱控制板 对于通信协议式,在按钮指令板与操纵箱通信板之间加入 IC 卡控制板即可 具体施工要求参照读卡器的使用说明书执行
	设置外部标志	轿厢内的出口层选层按钮应用凸起的星形图案予以标记,或者采用比其他按钮明显凸起的绿色按钮
测试	检测试验	根据 TSG T7001 的相关要求进行检测

二、加装残疾人操纵箱

加装残疾人操纵箱的施工涉及操纵箱、召唤盒等相关部件的改造,具体施工内容和技能要求见表4-31。

表4-31 加装残疾人操纵箱的施工内容和技能要求

工序	施工内容	技能要求
准备工作	确认操纵箱	残疾人操纵箱应配置带盲文的选层按钮,盲文宜设置在按钮旁,且符合国家标准GB/T 24477中5.4的要求
加装施工	确定加装位置	采用中分门时,残疾人操纵箱应设置在进入轿厢时的右侧;采用旁开门时,残疾人操纵箱应设置在关门到位侧。注意,残疾人操纵箱按钮水平中心线的位置应在距轿厢地板0.90~1.10 m高的轿厢侧壁上
加装施工	加装轿厢位置信号盒	信号盒应设置在轿厢操纵箱或其上方,指示器水平中心线距离轿厢地板的高度应为1.60~1.80 m;显示楼层的数字的高度应为30~60 mm;附加指示器可设置在其他位置,如轿门上方或其他轿厢操纵箱上
测试	按钮功能	残疾人操纵箱的按钮功能应与主操纵箱的按钮功能完全一致

三、加装能量回馈装置

加装能量回馈装置的施工内容和技能要求见表4-32。

表4-32 加装能量回馈装置的施工内容和技能要求

工序	施工内容	技能要求
准备工作	核对技术资料	熟悉能量回馈装置的使用说明书,核对能量回馈装置的铭牌信息,如制造单位名称、产品型号、产品编号、主要技术参数等,是否与产品质量证明文件相符
准备工作	确认能量回馈装置	确认该装置的主要技术参数与现场设备技术参数是否匹配,特别是其功率是否与电动机功率匹配
加装施工	安装、固定	当需要将该装置固定在控制柜内部时,其安装位置不能影响其他元器件的正常工作,同时应注意该装置的通风和散热 当需要将该装置固定在控制柜外侧时,应注意其电气线缆的固定位置,不能影响控制柜门的正常开启和关闭 在控制柜侧壁开孔穿入线缆时,应增加护线圈对线缆进行防护

续表

工序	施工内容	技能要求
加装施工	电气接线	应按照使用说明书进行接线，特别要注意的是，该装置与变频器相连时，其直流母线接线端子"DC+"和"DC-"切勿接反（见图4-17） 在部分电梯控制柜中，变频器和其他控制部分是一个整体，没有明确的直流母线接线端子。在与变频器进行连接时，应将能量回馈装置的直流母线接线端子"DC+"和"DC-"直接连接到其内部储能电容的两端。注意，在AC 380 V电压下工作的变频器的储能电容器通常是两组串联的，以满足耐压的要求，此时应从两个电容的对应两极引出接线
功能测试	带电测试	安装完成后，按照检修速度空载下行、检修速度空载上行、额定速度空载下行、额定速度空载上行的顺序进行测试，确认能量回馈装置能够正常工作
功能测试	断电测试	断开电源，留足够的时间（至少10 min）让主电路直流部分的滤波电容放电，或者用万用表等测量工具确认直流母线电压已经降低到DC 25 V以下
能耗测试	安装前能耗测试	按照国家标准GB/T 37319中6.9.2.2的方法进行测试
能耗测试	安装后能耗测试	按照国家标准GB/T 37319中6.9.2.1的方法进行测试

四、加装应急平层装置

加装应急平层装置的施工内容和技能要求见表4-33。

表4-33 加装应急平层装置的施工内容和技能要求

工序	施工内容	技能要求
准备工作	核对技术资料	熟悉应急平层装置的使用说明书，核对应急平层装置的铭牌信息，如制造单位名称、产品型号、产品编号、主要技术参数等，是否与产品质量证明文件相符
准备工作	确认应急平层装置	确认该装置的主要技术参数与现场设备技术参数是否匹配，特别是其功率是否与驱动主机的电动机功率匹配
加装施工	安装、固定	根据现场条件，采用底座固定或壁挂固定两种方式按使用说明书进行安装
加装施工	电气接线	根据现场设备的电气原理图，按照使用说明书进行接线。由于使用单位的电梯控制系统不同，因此应在订购前请使用单位提供电梯控制系统的准确资料，以确定最佳供应方案

续表

工序	施工内容	技能要求
调试	调试	按照应急平层装置的使用说明书执行
功能测试	应急运行平层开门	电梯控制系统总开关供电,轿厢正常运行至任意层站开锁区域;保证层门、轿门关闭后,同时切断动力和照明电源,此时应急平层装置启动,观察应急平层装置运行是否正常,能否使轿门和层门打开
	应急运行非平层开门	电梯控制系统总开关供电,轿厢正常运行至中间任意楼层的非开锁区域;同时切断动力和照明电源,观察应急平层装置运行是否正常 在安全回路、门锁回路、检修回路正常的情况下,应急平层装置应启动,待电梯到达平层区后,切断制动器和驱动主机的电源,同时向门机供电,使轿门和层门打开

五、加装远程监控装置

加装远程监控装置的施工涉及通信网络、传感器、轿厢摄像头等相关部件的改造,具体施工内容和技能要求见表4-34。

表4-34 加装远程监控装置的施工内容和技能要求

工序	施工内容	技能要求
准备工作	核对技术资料	熟悉远程监控装置的使用说明书
	确认信号采集方式	确认该装置的主要技术参数与现场设备技术参数是否匹配
加装施工	机房部件	对于外置传感器的信号采集方式,一般安装信号采集器、门锁信号源、安全回路信号源等 对于内部通信数据采集方式,一般仅安装远程监控通信板,通过通信线与电梯控制主板直接连接 注意,无论哪种方式都应具备天线、通信网络接口等
	轿顶部件	对于外置传感器的信号采集方式,一般在轿顶安装各种传感器,包括上平层传感器、下平层传感器、门开关传感器、红外人体传感器、基站传感器、上极限传感器、下极限传感器等,用于采集电梯的信号
	轿厢部件	一般安装摄像头、摄像机等
	系统接线	按照远程监控装置的使用说明书执行

续表

工序	施工内容	技能要求
功能测试	数据运行测试	电梯在运行过程中，实时上传电梯的各种信号；电梯在等待过程中，可每隔固定时间上传一次电梯的实时信号
功能测试	故障报警测试	现场采用故障模拟方式，当电梯出现故障后，存储故障信息，实时上传故障类型和故障时间、电梯当前楼层、电梯运行方向等信息
管理平台测试	乘客报警测试	模拟乘客被困轿厢，乘客应能通过远程监控装置向管理后台自动报警，同时轿厢内应播放安抚视频并提供应急照明
管理平台测试	使用单位测试	模拟发生故障或困人事件，远程监控装置应及时将救援请求发送给物业管理人员，同时自动完成故障信息统计、维保记录信息（修理后）统计等
管理平台测试	维保单位测试	模拟发生故障或困人事件，远程监控装置应及时将救援请求发送给电梯维保人员，同时自动完成故障信息统计、维保记录信息（修理后）统计等
管理平台测试	监管部门测试	通过远程监控装置的系统软件获取安全监管必要的数据信息

六、加装后的监督检验

加装读卡器（IC 卡）、残疾人操纵箱、能量回馈装置、应急平层装置及远程监控装置前，应在当地特种设备安全监督管理部门办理开工告知手续，并向检验机构申请办理监督检验手续。

加装应急平层装置、能量回馈装置时，如果需要改变电梯原控制线路，应按照 TSG T7001 的相关要求对改造后的电梯进行监督检验。但是，加装电梯读卡器等身份认证装置时在电梯轿厢操纵箱、层站召唤盒或其按钮的外围接线的，按照《电梯施工类别划分表》属于一般修理，无须进行监督检验。

培训项目 3　自动扶梯设备改造更新

培训单元 1　变频器和外部控制设备加装施工

熟悉加装变频器和外部控制设备的内容和要求
掌握加装变频器和外部控制设备的施工流程及要点

一、变频调速的控制方式

对于自动扶梯（或自动人行道）来说，其使用高峰期一般出现在下午及晚间时段，而其余时段使用率较低，因此节能空间较大。

在对自动扶梯（或自动人行道）的正常使用不产生任何负面影响的前提下，为了减少耗电量，建议采用变频调速的控制方式，即变频器根据传感器产生的信号调整自动扶梯（或自动人行道）的速度。当有人乘坐时，自动扶梯以正常名义速度运行（50 Hz）；当无人乘坐时，自动扶梯减速到低速或停止运行。变频调速控制原理框图如图 4-22 所示。

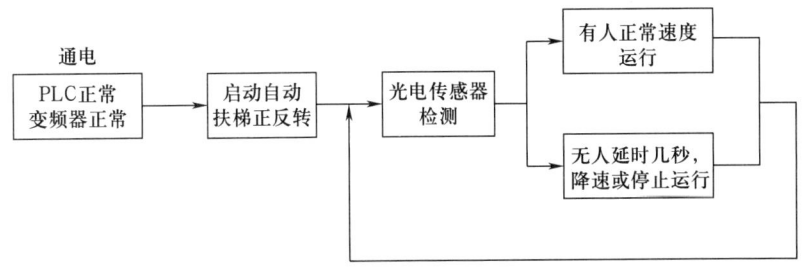

图 4-22 变频调速控制原理框图

二、自动扶梯加装变频器的电气原理图

自动扶梯加装变频器后,主控制器(PLC 或微机)接收传感器发出的信号,并向变频器发出运行指令,主控制器、传感器、变频器三者之间必须相互配合,共同完成控制任务。主控制器可以控制变频器的频率给定信号,以使变频器输出相应的速度控制曲线,控制工艺指标;变频器上的检测信号和其他智能控制信号也可以接入主控制器,完成系统的报警和速度控制,如通过变频器控制电动机的启动、停止及正反转。自动扶梯加装变频器后的控制原理框图如图 4-23 所示。

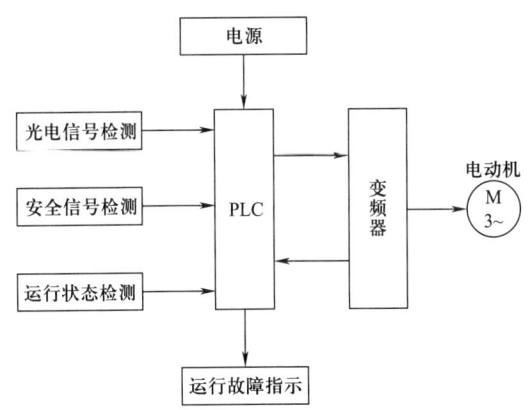

图 4-23 自动扶梯加装变频器后的控制原理框图

控制系统要求变频器具有启动运行平稳、加速性能好、启动转矩大、超载能力强的特点。当变频器调速系统出现故障时,控制系统可自动脱离变频器、切换到正常工频运行状态,保证自动扶梯正常输送乘客。

无变频器的自动扶梯主电路电气原理图如图 4-24 所示。在无变频器的自动扶梯主电路中,电动机通过上行接触器 KMU 和下行接触器 KMD 向三角形运行接触器 $KM_\triangle$ 或星形运行接触器 KM_Y 直接供电。

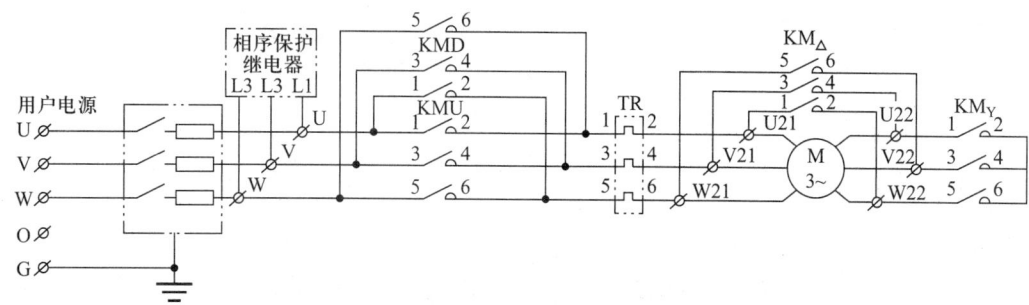

图 4-24　无变频器的自动扶梯主电路电气原理图

加装变频器后的自动扶梯主电路电气原理图如图 4-25 所示,在上行接触器 KMU 和下行接触器 KMD 的旁路电路中,接入变频器 UF。

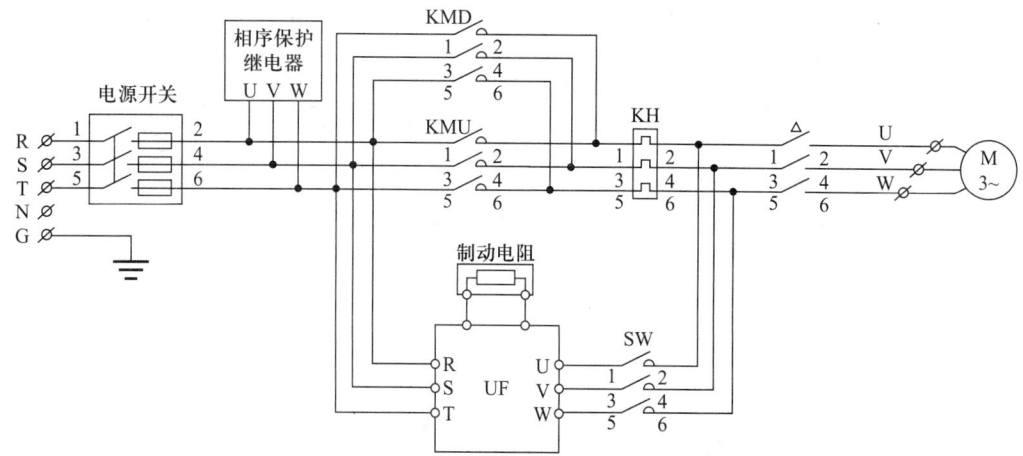

图 4-25　加装变频器后的自动扶梯主电路电气原理图

三、外部控制设备的工作原理

1. 感应装置

自动扶梯常用的传感器有红外线传感器、重量传感器、超声波传感器等。

红外线传感器通过对目标物在移动过程中遮挡固定位置光线的情况进行非接触检测,从而发出开关信号。

重量传感器实际上是压力传感器,它通过对目标物在移动过程中在固定位置的压力变化进行接触检测,从而发出开关信号。

超声波传感器是利用超声波回声测距原理制成的,它采用精确的时差测量技术对传感器与目标物之间的距离进行非接触检测。超声波传感器具有检测精度较高、防水、防腐蚀、成本低等优点,广泛应用于工业生产设备和民用设备中。

这些感应装置均为自动扶梯变频器提供信号。

2. 控制装置

自动扶梯的控制装置类型有继电器控制、PLC 控制、微机控制、一体机控制等。目前常用的自动扶梯一体机控制装置如图 4-26 所示。自动扶梯一体化控制装置具有结构紧凑、安装方便的特点，同时具有电动机参数自动调谐（分为静止调谐和完全调谐两种）、运行接触器控制、抱闸接触器控制、旁路变频节能控制、全变频节能控制、速度跟踪控制等多种专用功能，为自动扶梯的安全运行提供了可靠保障。

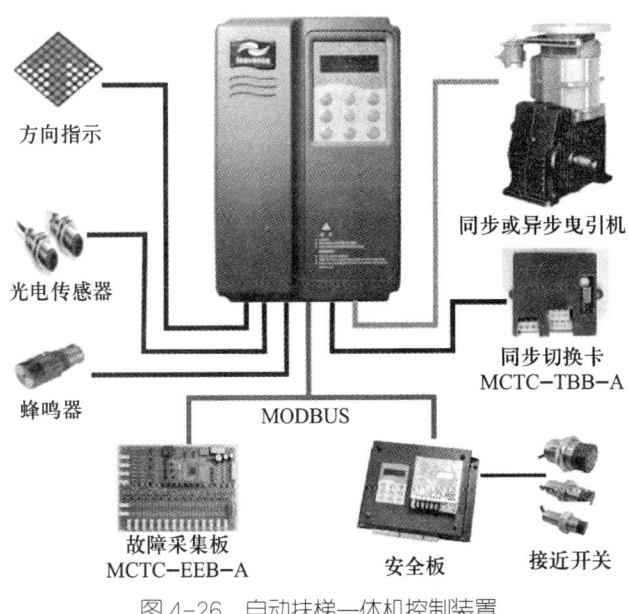

图 4-26 自动扶梯一体机控制装置

加装变频器和外部控制设备的基本流程

一、加装变频器

加装变频器的施工内容和技能要求见表 4-35。

表 4-35 加装变频器的施工内容和技能要求

工序	施工内容	技能要求
准备工作	核对技术资料	熟悉变频器的使用说明书,核对该变频器的铭牌信息,如制造单位名称、产品型号、产品编号、主要技术参数等,是否与产品质量证明文件相符
	确认变频器	确认该变频器的主要技术参数与现场设备技术参数是否匹配,特别是其功率、工作电流是否与驱动主机的电动机功率、工作电流匹配,以及其制动电阻是否与电动机匹配
加装施工	安装变频器	根据使用说明书及现场条件,在自动扶梯控制柜所在的机房内选择合理的安装位置,注意变频器的散热和通风,可采用独立壁挂式或其他方式安装
	安装制动电阻	制动电阻应有独立的电阻箱,以保证在正常运行和维护保养过程中的安全
	电气接线	根据现场设备的电气原理图,按照使用说明书进行接线。由于使用单位的自动扶梯控制系统不同,因此应在订购前请使用单位提供自动扶梯控制系统的准确资料,以确定最佳供应方案

二、加装外部控制设备

加装外部控制设备的施工内容和技能要求见表 4-36。

表 4-36 加装外部控制设备的施工内容和技能要求

工序	施工内容	技能要求
准备工作	核对技术资料	熟悉加装施工方案,明确各类传感器的安装位置、安装方式、工作条件和动作要求
	确认传感器	根据加装施工方案确认各传感器的型号、规格、数量,尤其是工作方式,如传感器输出点是"动合"还是"动断",为后期调试做准备
加装施工	安装传感器	根据加装施工方案,在自动扶梯的上机房、下机房或其他指定位置安装相应的传感器,并测试其能否正常工作
	电气接线	根据现场设备的电气原理图,按照使用说明书进行接线

三、功能测试

加装施工完成后,应先在检修状态下进行测试,分别在上机房、下机房使用检修按钮进行上行和下行的检修运行操作,确认检修运行正常后再在自动状态下进行测试。

将自动扶梯检修装置拆除或使自动扶梯控制系统处于自动运行状态,根据加装施工方案中选用的传感器动作方式及控制系统功能进行测试,测试结果应符合设计和施工方案的要求。

培训单元 2　控制系统改造施工

熟悉自动扶梯控制系统改造的内容和要求
掌握自动扶梯控制系统改造的施工流程及要点

一、熟悉改造施工方案

改造的目的是对原有控制系统进行升级换代,以提高自动扶梯运行效率和降低故障率。

应重点掌握控制系统改造细节,如控制装置和调速装置的规格、型号、技术参数、性能指标、安装工艺等,以及新控制系统与原控制系统的区别,以便对施工方案进行确认和落实。

二、控制系统改造的内容

根据改造施工方案,确认自动扶梯控制系统改造的内容,常见的改造项目见表 4-37。这里主要介绍手动控制方式和自动控制方式的相关内容。

表 4-37　自动扶梯控制系统常见的改造项目

改造项目	改造前	改造后
控制装置	继电器	PLC、微机、一体机
拖动方式	交流单速	交流变压变频调速
控制方式	手动控制	自动控制（通过传感器控制启停或低速运转）

1. 手动控制方式

手动控制方式是指使用位于自动扶梯出入口扶手带盖板上的钥匙开关启动自动扶梯，并通过钥匙开关选择自动扶梯的运行方向。

在正常运行状态下，自动扶梯启动后只能通过停止按钮停止。即使梯级上无乘客，在手动控制方式下，自动扶梯也只能一直处于高速运行状态，这会造成一定程度的能耗浪费并加速部件的磨损。

2. 自动控制方式

在自动控制方式下，通过位于自动扶梯上下端站的传感器可以判断出梯级上是否有乘客站立。当无乘客时，自动扶梯可以自动降低运行速度或停止运行。当传感器感知有乘客欲乘坐时，自动扶梯可逐渐加速至名义速度运行，待乘客离开后再自动降低运行速度或停止运行。

技能要求

改造控制系统的基本流程

一、改造控制系统

改造自动扶梯控制系统的施工涉及控制柜、控制开关、线缆等相关部件的改造，具体施工内容和技能要求见表 4-38。

表 4-38　改造控制系统的施工内容和技能要求

工序	施工内容	技能要求
准备工作	核对施工方案	熟悉自动扶梯控制系统的改造施工方案
	确认改造部件	确认改造有关部件的铭牌、技术资料等与改造施工方案是否一致，与现场设备是否匹配

续表

工序	施工内容	技能要求
拆除原系统	拆除控制柜	拆除原控制柜及相关部件,应在保留的部分做好标记并填写施工记录
	拆除控制开关	拆除需要改造的控制开关
	拆除线缆	拆除需要改造的线缆
改造施工	安装部件	根据改造施工方案安装新控制柜、各类控制开关、传感器、线缆等部件
	电气接线	根据电气控制原理图等技术资料连接控制线缆
调试	调试控制系统	按照厂家提供的控制系统调试说明书执行

二、监督检验

在对自动扶梯控制系统进行改造前,应在当地特种设备安全监督管理部门办理开工告知手续,并向检验机构申请办理监督检验手续。改造施工完成后,应按照 TSG T7005 的相关要求对改造后的自动扶梯进行全面的监督检验。

思 考 题

1. 简述电梯改造中期施工基本流程。
2. 简述电梯更新后期施工基本流程。
3. 简述改造施工中控制方式的改造注意事项。
4. 简述轿厢改造后的检查与试验项目。
5. 简述加装读卡器的施工内容和技能要求。